「ただの虫」を無視しない農業

生物多様性管理

桐谷圭治 [著]

築地書館

まえがき

　「日本の農業を取り巻く環境は厳しい」という言葉を、過去30年以上耳にたこができるぐらい聞かされてきた。社会的・経済的な環境変化の速度に農業が追いつけないことの悲鳴でもある。誰が言いだした言葉か知らないけれど、"Think globally, Act locally"（地球的視点で考え、地域から行動を起こす）というのが環境問題を考える際の指針になっている。外来害虫の問題でも、防除は侵入を受けた地域の問題ではあるが、その侵入源は国外にある。そして、国際貿易の経路や物資の種類が深くかかわっている。

　「基礎的なことが、もっとも応用的である」と私はかねがね主張している。基礎的すなわち論理的なことが、どんな時・場所・条件にも適用可能だということを意味している。東京農業大学学長（1911‒1927）を務めた横井時敬が、理論と実践の乖離を「農学栄えて、農業亡びる」という言葉で警告している。しかし、本来は「農学栄えて、農業栄える」が筋でなくてはならない。本書は「理論と実践」をいかに矛盾なく統一できるかを害虫防除の問題を中心に取り組んだ結果である。

　IPM（総合的有害生物管理）と保全生態学とは、現状では必ずしも同じ土俵にあるとはいえない。前者は農耕地を、後者は農耕地を含めた自然環境にその足場を置いている。例えばセイヨウオオマルハナバチの利用の問題では同床異夢の対立を起こしかねない。このような将来起こりうる問題についても、われわれは予見性をもってことに当たらなければならない。本書では、このような問題に対応した理論的枠組みとして、IBM（総合的生物多様性管理）を提唱した。しかしまだ、IBMはIPMのように一般化した概念ではない。

　IBMは枠組みができただけで、内容、とくにその群集生態学的側面については、すべてがこれからという段階である。そのためには、IBMの2本の柱のひとつであるIPMの流れを跡づけておく必要がある。IPMは日本では1980年代後半になってやっと、水稲栽培における有機農業・減農薬運動と市民運動が下地となって定着してきた。また耕地での保全生態学は、里山をめぐる各種の分野からの研究や市民による自然の再生・保全運動を通じて盛況である。そこで私は、IPMと保全生態学が共存し、相互に

補完しあう試みとして、IBMを提唱することにした。

　20世紀には19世紀には考えられなかったことが、規模や時間を早めて起こった。かつては「害虫を手で取り除く」ような駆除行為が、社会的・経済的問題にまで発展することはなかった。現在では害虫防除の手段・手法、例えば農薬、遺伝子組み換え作物、IPMなどは急速に世界的規模で拡大し、時には政治問題にまで発展している。私は一昆虫生態学者であり、これらを包括的かつバランスをもって扱う能力のないことは重々承知している。しかし過去半世紀の間に起こったことは、身をもって体験した強みがある。21世紀に負の遺産を残さないためにも、反省と希望をもって本書を世に送ることにした。

目　次

まえがき　3

第Ⅰ章　農業の将来　9

　　世界の人口、農業、環境　9
　　　　人口増加の圧力／食糧は確保できるか
　　アジアの農業環境と稲作　13
　　　　転機に立つアジアの稲作／米の自給の大切さ／生物の多様性を守る
　　アジアにおける稲の病害虫防除　16
　　　　病害虫による損失／農薬への依存／誘導異常発生（リサージェンス）／
　　　　ウンカ、ヨコバイの誘導異常発生
　　アジアにおける農薬汚染　19
　　　　食物中の農薬残留と最大残留基準／熱帯アジアの現状／
　　　　40日運動と減農薬
　　一石三鳥の要防除密度　23
　　緑の革命――稲の新品種　24
　　　　耐虫・耐病性品種の利用／IRRIでの抵抗性品種開発の軌跡／
　　　　バイオタイプの出現を阻む／混植
　　総合的有害生物管理（Integrated Pest Management：IPM）　29
　　　　熱帯アジアにおける稲の害虫管理／農民学校／新しい多収性品種
　　日本農業への期待――水田の多面的機能　33
　　総合的生物多様性管理（Integrated Biodiversity Management：
　　IBM）　34

第Ⅱ章　化学的防除の功罪　36

　　化学農薬依存への反省　36
　　　　『沈黙の春』の波紋
　　BHCの環境汚染　38
　　　　日本と欧米との違い／基幹農薬BHC／生物的濃縮／長期残留性／
　　　　生態学からみた蓄積性物質の残留

BHCの使用禁止——IPMへの第一歩　44
　　　サンカメイガの衰退／ツマグロヨコバイの異常発生
農薬の負の遺産(1)　50
　　　抵抗性のメカニズム／抵抗性の予知は可能か／問題の解決
農薬の負の遺産(2)　54
　　　害虫の誘導異常発生／ニカメイガ／ウンカ・ヨコバイ／
　　　トビイロウンカ
農薬の選択的毒性　60
　　　天然農薬
もし農薬がなかったら　63
　　　農薬の経済的評価／世界の動き
減農薬の試み　66
　　　消毒思想から省農薬へ／実態調査／減農薬の提案と実証試験
減農薬の理論　72
減農薬の実践　73
　　　選択性殺虫剤の利用と薬量の低減化——高知県／
　　　防除要否の二重判定制——秋田県／
　　　多段式要防除水準の導入と農家による意思決定——新潟県／
　　　イネミズゾウムシの防除——広島県・宮城県／
　　　農家自身による減農薬稲作の推進——福岡県／
　　　トップダウン技術の欠陥の克服——奈良県／
ニカメイガの減少——無意識のIPM　79
　　　被害は防止できても虫は減らない／害虫が天敵に／
　　　減少に貢献した耕種的条件／東アジア共通の減少

第Ⅲ章　有機農業の明暗　82
自然の加害者から保全者へ　82
有機農業とは　83
有機農業への期待——日本　83
　　　有機農産物とは／世界で広がる有機農業
有機農業の隘路　86
　　　有機農産物の認証基準／科学的解明を／有機農業の神話／

　　　　持続的攪乱によって維持される生物多様性／
　　　　スクミリンゴガイの功罪と管理
　　有機農業の未来　98
　　　　ウンカの発生しない有機田／
　　　　ウンカ・ヨコバイ類と媒介ウイルス病の減少／抵抗性品種／
　　　　遺伝子組み換え稲／非有機農業との共存

第Ⅳ章　施設栽培の生態学　106
　　農業生態系と害虫相　106
　　世界3位の施設園芸国　108
　　　　施設栽培の始まり／輸入生鮮農産物の増加／施設栽培の特徴
　　施設の害虫相　111
　　　　半数が侵入害虫／在来害虫の侵入／施設害虫の特徴
　　施設の害虫管理　114
　　　　侵入害虫がもたらした防除回数の激増／殺虫剤が効かない施設害虫／
　　　　農薬依存は限界／化学的防除からの脱却の試み／
　　　　セイヨウオオマルハナバチの導入
　　生物的防除を基幹にしたIPMへの移行　121
　　　　侵入害虫ミナミキイロアザミウマ／生物的防除の長短所／
　　　　天敵利用を左右する条件／害虫と天敵の発育ゼロ点の比較／
　　　　なぜテントウムシはアブラムシの有効な天敵ではないのか／
　　　　天敵の効果を左右する温度以外の要因／
　　　　バンカープラント、コンパニオンプラントの利用／
　　　　施設栽培ナスの生物的防除
　　IPMの決算　137
　　地球温暖化を先取りする施設栽培　140

第Ⅴ章　総合的生物多様性管理（IBM）　141
　　生き物を育てる機能　141
　　　　水田生態系を構成するパッチ／水田の成り立ちと生物／水生昆虫／
　　　　水田生態系の多様性

IBMの理論　156
IPMと保護・保全との関係／IBMの時間的展開／IBMの空間的展開／
IBMは水田に限らない
水田のIBM　160
多様性の維持に有利なアジアの水田／水田の改修工事の影響／
種の生息パッチと補給源の確保／
害虫管理と生物多様性管理の両立技術
IBMを実行するための基本的考え　163
環境変化とIBM／化学生態学とIBM／IBMの方策／
まとめ——肩の力を抜いて

あとがき　168

参考文献　170
害虫防除の年譜　179
節足動物、センチュウの和名と学名の一覧　183
索引　188

コラム
フードマイレージ　11
人類の未来　12
中国産ホウレンソウと農薬残留　20
最大残留基準　21
世界銀行のIPM計画はなぜ失敗したのか　29
葬られたBHC　47
学術用語の翻訳　58
虫見板のルーツ、「粘着板法」　77
WTO（世界貿易機関）の政策　84
キューバの緑化革命　87
有機農法と生物多様性　94
害虫の人為的な他国への侵入　104
農業生態系とは　108
日本人の栄養　110
ミナミキイロアザミウマをめぐる米国とキューバの争い　126
積算温度法則　132
3つのIBM　142
ゲンゴロウ　150
直接観察法による捕食量の推定　152
コサラグモによるヨトウ幼虫集団の攪乱　153
「ただの虫」　155

第 I 章　農業の将来

世界の人口、農業、環境

人口増加の圧力

　米国ミネソタ大学のチルマン博士らは2020年、2050年の人口をそれぞれ75億、90億と仮定した場合の地球環境の変化を予測し、サイエンス誌上に発表した（Tilman *et al.* 2001）。人口が地球に与える環境負荷は［人口×消費/人］で計ることとして、ここでは1人当たりの国内総生産（GDP）を消費に代用することにした。1960年を起点に農薬や肥料など7つの変数について1人当たりのGDP×人口との相関関係を調べ、［GDP×人口］の増加にともなう農薬や肥料の消費量の変化を回帰直線で表わした。この直線を2000年からさらに2020年、2050年まで延長してそれぞれの年の状況を予測した。その結果、農業を拡大できるのは今世紀の最初の50年間だけであること、所得の向上と50％の人口増加による需要増加を満たすため、さらに10億haを草地と農地に転換するとともに、窒素、リンの使用量が現在の2.4～2.7倍増加すると予測している（表 I-1）。その結果、陸、水系、沿岸域での窒素、リンによる富栄養化が進み、生態系の単純化、それがもたらす各種のサービス機能の低下、種の絶滅などが予測を超える規模で起こると警告している。

　FAO（国連食糧農業機関）によれば、1961年を起点の100として、35年後の1996年の穀物生産量は234と2倍以上に増えた。それは単収（単位面積当たりの収穫量）で

表 I-1　2020年および2050年における世界人口をそれぞれ75億、90億と仮定した場合の肥料、農薬などの必要量の推定（Tilman *et al.* 2001）

	肥料		灌漑農地	農薬		農地	草地
	窒素 (100万トン)	リン (100万トン)	(100万ha)	生産量 (100万トン)	輸入額 (10億ドル)	(10億ha)	(10億ha)
2000年	87	34.3	280	3.75	11.8	1.54	3.47
2020年	135	47.6	367	6.55	18.5	1.66	3.67
2050年	236	83.7	529	10.1	32.2	1.89	4.01

表Ⅰ-2　過去35年間の世界の穀物の生産量、単収、収穫面積、耕地面積の変化と単収増加率の衰退

FAOSTAT/PC（FAO）によれば、1961年を100とすると、1996年の生産量は234、単収は213、収穫面積は110、耕地面積は108、1人当たりの収穫面積は21.0aから12.3aに減少している。単収の伸びは、				
年次	1961～63	1971～73	1981～83	1994～96
単位収量トン/ha	1.41	1.90	2.31	2.82
単収増加率/年		3.0%	2.0%	1.5%

213、収穫面積は110、耕地面積が108と増加したためであるが、他方では1人当たりの収穫面積は21.0aから12.3aに減少している。人口増加をカバーするには年率3%の単収の伸びが必要なのに実際はその半分の1.5%にすぎない（表Ⅰ-2）。国連環境計画（UNEP 1995）によると、500万ha/年以上の農地が砂漠化しているのに対し、毎年増える8000万人を養うためには毎年新たに耕地が1800万ha、30年後では2億ha（日本全面積）必要だという。しかし現状では農業用に開発できる土地は、9300万haしかなく、その他は国立公園や生物保護区などに指定されていて、開発には大規模な自然破壊をともなうことになる。図Ⅰ-1は、世界の穀物収穫面積および1人当たり穀物生産量の推移を過去40年間について示したものである。いずれも1980年代半ばを起点として低下の傾向を示している。将来の食糧供給はけっしてバラ色とはいえない。

　初めにも述べたように食糧の需要は1人当たりの所得、人口に大きく依存する。1936年から1950年にかけて行なわれた各種の人口予測はすべて過少評価に終わったほどに、人口増加は予想を超えた速さで進んでいる。DDT、ワクチン、新薬の出現で寿命が延び、死亡率が減少したからである。予測が難しいだけに、未来予測にはかなりの幅があるのもやむを得ない（Cohen 1995）。現在の人口は4日ごとに約100万人増加していて、2050年には最大、最小を除いた中位人口推定値で89億人になる（国連1998の推定）。食糧の需要も世界全体では、次の60年間に2～3倍増加すると予測されている。現在の世界人口は60億、穀物生産は18億トン、つまり1人当たり300kg/年の穀物が必要である。もし50年後の人口が90億となるなら、単純計算でも300kg×30億＝9億トンの穀物を増産することが要求されるのである。

食糧は確保できるか

　所得水準が上がるにしたがって肉類などのタンパク質の摂取量が増えてくる。ちなみに穀物だけを飼料として与えた場合、牛肉は1kg当たり穀物7kgが必要であり、

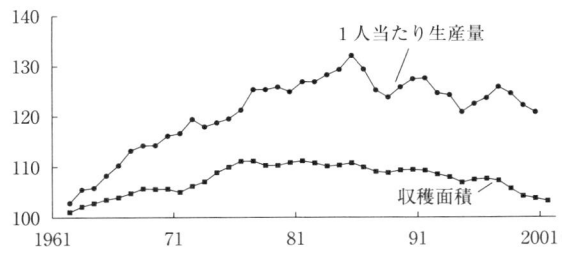

図 I-1
世界の穀物収穫面積および1人当たり穀物生産量の推移（3カ年移動平均、1961年＝100）
（『2002年度食料・農業・農村白書』より）

豚では4kg、鶏では2kgですむ。1995年に米国自然史博物館で行われたMcNeelyの講演は示唆に富んでいる。

「典型的な米国人食は、農場から食卓に上がるまで平均2000kmの距離を運ばれてくるのに対し、アフリカではほんの数百メートルにすぎない。電子レンジによる調理では、食材を従来の方法で調理する場合の10倍のエネルギーを使う。また旬のものを地産地消で食べる場合にくらべ、季節はずれの果物や野菜を輸入した場合は94倍、国内産の施設栽培ものでは30倍のエネルギーを消費することになる」という（McNeely 1995）。

この事情はそっくり日本にも当てはまる（コラム参照）。日本は飼料穀物を年間2300万トン（穀物1600万トン、大豆・ナタネ700万トン）輸入している。その多くは家畜の飼料として消費されており、輸入濃厚飼料に依存した畜産が、家畜排泄物によ

フードマイレージ

　食品の量と輸送距離とをかけあわせた数字で、英国の消費者運動家ティム・ラングが1994年に提唱したとされている。農林水産政策研究所の篠原孝らの計算によると、日本の全輸入食糧のフードマイレージは9002億トン・kmで、他のドイツ、フランス、英国、韓国、米国の3〜8倍と突出している。1人当たりの値は7093トン・kmで、食糧自給率が日本と同じ水準の韓国は日本の94％であったが、自給率が高く貿易相手国との距離が近い欧米各国は日本の15〜45％となお大きな差がある。日本のフードマイレージの約7割は穀物と大豆などが占め、国別では米国が約6割を占める。

（朝日新聞2003年7月21日より）

る各種の環境問題をもたらしている。そればかりか、食べ残しとして捨てられる食品の量も年間3000万トンに達するという。

　穀物を含む食糧の需給予測は、1990年以降だけでも世界銀行、FAO、OECD（経済協力開発機構）、農林水産省など13ケースある。それらの多くは、2020年の穀物の価格が現在よりも2、3割安くなると予測している。それは食糧の供給が逼迫してきて価格が上昇する結果、農家の生産意欲が増大し、結果的には供給過剰になって穀物価格が下がるというシナリオにもとづいている。これらの予測は穀物生産がまだまだ伸びると仮定しているからである。また生産拡大にともなう環境の劣化、農業用水の不足、砂漠化による農地の減少を予測モデルでは無視または軽視して、バイオテクノ

人類の未来

　定期預金を何年据え置いたら倍になるかを計算するには70を年利率で割ればよい。利率が6%なら約12年で倍になるが、現在のように0.1%なら700年据え置く必要がある。同じ理屈で現在の人口が何年後に2倍になるかは、1965～1970年間の人口増加率、年当たり2.1%を使用すれば、70÷2.1≒35年がその答えである。

　1万年前の人類の人口は570万人と推定されている。1万年後の世界人口は57億であるから、少し数式を使うと570万×2^{10}＝57億となり、1000年に1回の倍増を10回繰り返したことになる。その年当たりの増加率は70÷1000＝0.07%となる。したがってこの率で増えると1万年後には5兆7000億、地球の面積は海も入れて5億1000km^{2}で、1人当たりの陸地は10m^{2}以下となり生存はとてもできない。注意してほしいのは、ここでは年増加率を0.07%としたのに対し、現実にはその30倍の2.1%で増加していることである。

　Pearl, R.は20世紀の著名な人口学者である。Pearlら（1936）は1650年から1932年までの世界人口の推移がロジスティック曲線でうまく記載できることから、もし気候的、地理的、生物的あるいは社会的条件が変わらなければ、世界人口は2100年には平衡値の26億5000万に達すると予測した。グラフから2000年の世界人口は25億と読み取れる。現実は60億で、この推定を大きく狂わせた過去数十年の人類を取り巻く環境条件の変化の大きさに驚かざるを得ない。

ロジーを過信していると思われる。

レスター・ブラウンや京都大学の辻井らは、人口爆発、自然資源枯渇、技術進歩の限界などを考えると、2020年には膨大な食糧不足が生じ、穀物の不足は世界で4億2000万トンにもなるという。これからの20年は、楽観と悲観の両極端の振幅に人類はさらされることになるだろう（渡部・海田編 2003）。

アジアの農業環境と稲作

転機に立つアジアの稲作

将来、世界人口の60％強を占めるアジアの人口を、世界の土地面積の23％しかないアジアで養うためには、現在の米の平均単収モミ4トン/haを大幅に引き上げる必要がある。ところが新たに農地として利用できる未耕地は、アジアにはほとんど残っていない。また最近、単収の増加にも頭打ちの傾向がみられだした。そのため米の自給を達成した国も輸入国になったりしている。

FAO国際稲委員会のダット・ヴァン・トラン博士によると、アジアの米生産量の増加率は、1980年代までは人口増加率を上回っていたが、1990年代になると生産量は伸び悩み、人口増加率を下回るようになっている（**表Ⅰ-3**）。国際稲研究所（IRRI）が行なった予測では、1990年の世界人口53億が2025年に85億になるとすれば、1990年の食糧生産を70％増加する必要があり、それには年増加率1.7％の食糧生産を達成しなくてはならない。それにもかかわらず、人口増加が急速なため、世界的には1人当たりの収穫面積は1961年の21.0aから1996年の12.3aにまで減少している。

アジアでは1960年代から、多収性品種の栽培による「緑の革命（Green Revolution）」が進行してきた。栽培期間の短い多収性新品種は水と肥料があれば熱帯では多期作が可能である。しかし、商品作物としての稲の多収性品種の栽培は、地力低下による米の単収低下のため経営が成り立たず農地を放棄する土地なし農民を生みだす。そればら

表Ⅰ-3　アジアにおける人口、米の生産、収穫面積および収量の年平均成長率の推移（西尾1999）
1980年代までは人口増加率を米の生産量の増加率が上回っていたが、1990年代から逆転している
(%)

	人口	米の生産量	米の収穫面積	米の単収
1960年代（開始年は1961）	2.64	4.35	1.34	2.70
1970年代	2.28	2.59	0.60	1.88
1980年代	2.05	3.24	0.31	2.86
1990年代（1996年まで）	2.05	1.25	0.10	1.06

かりか、多量の投入資材による内水面の汚染など、計り知れない外部不経済をもたらす危険性をはらんでいる。

最近、アジア各地の水稲を連作しているところで土壌の肥料効果が落ちてきている。その原因はまだよくわかっていないが、炭素の含有率が高いワラを繰り返し水田に投入した結果、土壌の窒素供給能力が低下したこと、稲の連作によってセンチュウのような土壌病害虫が増えたこと、湛水による土壌の悪化などがいわれている。そのため、現在の収量を保持するために、肥料の投入を増やさなくてはならなくなっている。またさらに単収を上げるためには、一層の集約的栽培が要求される。ポール・テン (1994) によれば、施用した窒素肥料の30％が稲に利用されるだけなので、米の収量を60％上げるためには窒素肥料を400％増やす必要がある。集約化は他方では低生産地の放棄をまねく。

さらにたんに技術だけの改善ではなく、社会経済的な改革も必要となろう。より多収性で各種の主要病害虫に対する抵抗性を付与した品種の開発、予測される水不足を克服するための排水、灌漑の地盤整備、より合理的な施肥技術、農地の多毛作的利用、土地の所有制度すなわち自作農の奨励、さらには緑の革命でみられた各種の問題（トップダウン的技術移転、富農、大農家にのみ有利な農法、農薬・肥料・種子のセット販売など）を克服する、トップダウンに代わる新たなボトムアップ的アプローチ、すなわち草の根運動が要求される。

米の自給の大切さ

われわれの住むモンスーンアジアは水資源に恵まれた地域で、稲作面積と米の生産量は世界の90％を占め、収量はモミ換算で平均4トン/haである。広大な低平地と肥沃な沖積土、湿潤な気候と豊富な水によって支えられた水田は、土壌浸食もなく高い生産性と持続性をもった農業システムである。

しかし他方では不安定な側面をもっている。1993年に日本は冷害にともなう米不足に見舞われた。この時日本が国際市場に250万トンの米の買い注文を出しただけで、米の価格は2倍に跳ね上がった。国際市場に流通する穀物の量は、トウモロコシは生産量の30％、小麦20％、米は4～5％で、われわれが食べるジャポニカ米はそのうちの10％程度で、輸入で確保できたのは150万トンであった。いかに米の自給が大切かがわかる事件でもあった。

米1kg生産するのに5000リットルの水が必要である。したがって水を工業生産にまわし米は安い外国から輸入すればよいという声が、日本が高度成長を謳歌していた

1960〜1970年代に産業界から叫ばれた。

　日本では米は主食であるため、価格が上がってもそれに応じて消費が減少しない。米を主食とする国で、食糧とくに米の自給ができない国は、将来、高い輸入米に頼らざるを得なくなったり、安定供給が脅かされる危険がある。輸出国はたとえ不作の年でも価格が上がるのであまり影響を受けないが、輸入国は飢饉の危険にもさらされかねない。米の輸出国は米国やタイなど少数であるのに対し輸入国は多く、しかも100万トンを超えることはない（日本のトウモロコシの輸入量は1600万トン）。少数の大規模輸出業者と多数の零細輸入業者で、前者が圧倒的に有利な立場にある。

　米作は、1人当たりの年収が500ドル以下の国ではGDP（国内総生産）の20〜30%を占めるのに対し、日本では0.1%しか占めていない。また日本の米の生産費は、ベトナムの20倍、カリフォルニアの10倍といわれている。それにもかかわらず日本がなぜ自由化に激しく反対するかというと、米は作物以上のもので、稲作を通じて日本の農村や景観、自然、歴史的伝統を支えているからである。

　貿易自由化の理論は、「各国が相対的に生産費の低い財の生産に特化し、政府の介入を最小限にして自由に交易すれば、世界各国の生産者と消費者の利益はともに最大化される」という仮説にもとづいている。しかしこの考え方は、食糧の安全保障、水や土壌、森林などの環境の保全、景観や地域経済・文化の維持など、すべての国にとって重要なこれらの「非貿易関心事項」と、農業の多面的機能にかかわるいわゆる外部経済を無視しているのである。

生物の多様性を守る

　アジア的農業の中核をなす水田は、元来氾濫原や自然湿地であったものを農地に転用したものである。アジアでは新たに水田に利用できる土地がないことは、とりもなおさず水田がこれら氾濫原や自然湿地の代替物としての役割をも果たしていることを意味する。そのため水田に依存している稲以外の多くの動植物の保護・保全のためにも、水田の管理は重要な意義をもっている。したがってIPM（総合的有害生物管理）から、より農業生態系の深い理解と環境への配慮を前提としたIBMすなわち総合的生物多様性管理（Integrated Biodiversity Management）をめざした農業生態学的な方向に進むことが必要である。これが生産と環境の保全の両立をめざすアジア型持続的農業である。これらについては第Ⅴ章でより詳しく説明する。

表Ⅰ-4　世界の主要農産物6品物の病害虫雑草による被害額（Oerke et al. 1994）
　　　　1988～1990年の主要農産物8品物の病害虫雑草による被害は42％、2500億ドルに達する

(億ドル)

	米	小麦	トウモロコシ	ワタ	コーヒー	馬鈴薯
病害	330	140	78	43	28	98
害虫	452	105	104	63	28	96
雑草	342	140	93	49	20	53
計	1125	385	275	155	76	247
総計	2263					

表Ⅰ-5　稲の害虫はアジアがいちばん多い

(1) 主な稲作害虫：アジア28種、オーストラリア9種、アフリカ15種、アメリカ13種（Grist & Lever 1969）
(2) 稲に発生するウンカ・ヨコバイ類：アジア34種、アメリカ6種、サハラ以南のアフリカ4種、北アフリカと中東4種、欧州3種（Wilson & Claridge 1991）
(3) 米国には稲のメイチュウ、ウンカの被害、虫媒ウイルス病がない（Grigarick 1984）

アジアにおける稲の病害虫防除

病害虫による損失

　Oerkeら（1994）は、1988～1990年の主要農産物8品目について病害虫雑草による損失額を推定したところ、世界平均で42％、約2500億ドルに達するという。そのうち稲作が占める割合は45％の1125億ドルで、他の作物を圧倒している（表Ⅰ-4）。病害虫雑草による損失額を地域別にみると、欧州28％、北米31％、アジアとアフリカはともに50％だという。このことは、もし病害虫雑草による被害を完全に防止できれば、それだけで現在の単収モミ4トン/haは倍増することになり、2025年までに食糧を70％増産する目標は達成されることになる。

　稲の害虫相に限っても、アジアは世界のなかでもっとも害虫の種類が多い（表Ⅰ-5）。主要な害虫の種類が多いばかりか、ウンカ・ヨコバイ類に限ってもその種数は群を抜いている。さらに米国には、アジアで大害虫といわれているメイチュウ類、ウンカ類、またウンカ・ヨコバイが媒介するウイルス病も存在しない。全世界に広く分布するイネシンガレセンチュウを除けば、唯一共通するものは北米、アジアにとって外来害虫であるイネミズゾウムシだけである（写真Ⅰ-1）。

　IRRIでは、1964～1979年に実施した117の実験をもとに、殺虫剤で防除した場合の

写真Ⅰ-1　イネミズゾウムシ

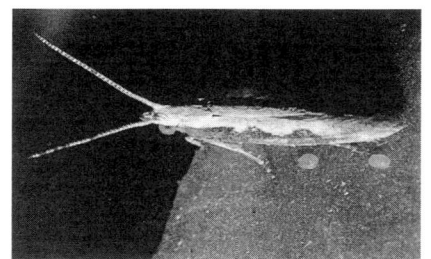

写真Ⅰ-2　コナガの成虫

平均収量4.9トン/haに対し、無防除の場合の収量は3.0トン/haであることから、害虫による損害を40%の減収と推定している（この数値については最近、過大推定だと批判されている）。これに対し、1989年にアジアの11カ国50人の昆虫学者のアンケート調査では、18.5%の減収という回答が得られた。この両者の食い違いは、病害虫雑草による被害の推定が意外に難しいことを示している。ちなみに日本での稲作についての調査では27%といわれている（**表Ⅱ-11参照**）。

農薬への依存

　熱帯は温帯圏と異なり冬がないため、年間を通じて害虫の発生がみられる。そのため年間世代数も温帯にくらべはるかに多くなる。例えばアブラナ科野菜の害虫コナガは、日本の10世代に対し、タイでは25世代を繰り返す（**写真Ⅰ-2**）。したがって熱帯では農薬の散布回数も多くなるばかりか、殺虫剤に対する抵抗性の発達速度も速い。また年に2作、3作するため、農薬の使用量が温帯圏より増加する背景をもっている。

　合成農薬はその使用の簡便さ、即効性、広い有効範囲、省力性、国によっては購入補助金による安価さが受けて、病害虫雑草防除に広く使われてきた。そして今なお、その使用量は増加の傾向を示している。しかし農薬への過度の依存は、病害虫雑草の農薬抵抗性の発達、潜在的害虫の誘導異常発生（リサージェンス）、環境や食品への残留、天敵をはじめとする防除対象以外の生物への悪影響をもたらす。農薬抵抗性に関しては、現在世界で、殺虫剤では少なくとも500種の害虫（日本では50種）、殺菌剤では150種以上、除草剤では270種以上の雑草で報告されている（Benbrook 1996）。

誘導異常発生（リサージェンス）

　リサージェンス（Resurgence）とは「復活」という意味で、これが「害虫の誘導

写真Ⅰ-3 海を渡ってはるばる飛来する体長わずか4〜5 mmのトビイロウンカと、トビイロウンカによる稲の坪枯れ（島根県東出雲町）

異常発生」として応用昆虫学分野で認知されたのは、1956年に昆虫学年鑑創刊号にRipper (1956) が書いた総説、「殺虫剤が節足動物個体群の平衡に及ぼす影響」に始まる。すなわち「農薬散布によって節足動物群集の平衡が攪乱された結果生じる、短期的な害虫の異常発生」と定義される。

　戦後、合成殺虫剤が使用されはじめてから10年にしかならない時期に、すでに5000種の害虫の1％の52種が誘導異常発生の例としてあげられている。しかしこのなかには水稲害虫はまだ入れられていない。1960年代までアジアにおける稲の害虫はメイチュウが最重要であったのが、IR8をはじめとする多収性品種（HYV）の植え付けが広がるにつれて、それまで害虫としては重要でなかったウンカ、ヨコバイ、コブノメイガがとって代わった。

ウンカ、ヨコバイの誘導異常発生

　トビイロウンカは、温帯圏の日本では古くからニカメイガとともにもっともおそれられてきた稲害虫で、しばしば歴史上の大きな飢饉をもたらしている。1964年にフィリピンのIRRIで稲の害虫に関する国際シンポジウムが開催されたとき、日本、韓国の研究者にはおなじみのトビイロウンカを、熱帯アジアの研究者はまったく知らないことに驚いた経験がある。しかしその数年後にはトビイロウンカが全アジアをゆるがす大害虫となるとは、誰も予想しなかった（**写真Ⅰ-3**）。

　1970年代初めからトビイロウンカの大発生が、バングラデシュ、中国大陸、インド、

表 I-6　殺虫剤散布がトビイロウンカの水田内個体群過程に及ぼす効果

項　　目	殺虫剤散布区[2]	無散布対照区
卵寄生蜂寄生率	23.9%	27.9%
卵期間生存率	70%	21～25%
1♀当たり産卵数	80個	左の約1/2
幼虫期生存率	20%	3～5%
成虫の産卵前期間中（2～3日）の生存率	92%	74%
長翅型成虫密度（株当たり）	0.5匹（40 DAT[1]） 200匹（80 DAT）	全期間1匹以下
短翅型メス成虫密度（株当たり）	17匹（50-60 DAT）	全期間1匹以下

1）田植え後の日数
2）ダイアジノン有効成分750g/haを田植え34日後に散布、デルタメスリン有効成分8g/haを田植え47、58、69日後に散布（IRRIおよびその周辺、Kenmore 1980）

インドネシア、マレーシア、フィリピン、スリランカ、タイ、ソロモン諸島、南ベトナム、韓国で次々と報告された。タイワンツマグロヨコバイとそれが媒介するツングロ病も同じころに多収性品種の導入にともなって、バングラデシュ、インド、インドネシア、マレーシア、フィリピン、タイで大発生した（Kiritani 1979）。

　このウンカがバッタ並みの大害虫になったのは、殺虫剤による誘導異常発生が原因だといわれている。すなわちウンカ、ヨコバイの天敵であるクモ、カスミカメムシ、ケシカタビロアメンボなどを殺した結果、天敵の抑止力から逃れたウンカ、ヨコバイが増加したと考えられている。さらにトビイロウンカでは産卵数が殺虫剤の生理的刺激で倍増することも報告された（表 I-6）。事実、トビイロウンカ抵抗性の稲品種を選抜する際には、害虫のみならず天敵にも影響の大きい非選択性殺虫剤を品種選抜圃場に散布して、人為的にウンカの大発生を作りだし、その条件下で枯死しなかった品種を選抜している。

アジアにおける農薬汚染

食物中の農薬残留と最大残留基準

　アジアの発展途上国では農薬に対する法規制が不十分なため、日本では30年以上も前に使用が禁止された有機塩素系農薬が経済的な理由で使用されつづけている。また魚毒性の高い農薬を水田に使用したり、使用が禁止されていても取り締まりの不備から実効を上げていない。時として品質に問題のある農薬が流通して、それに含まれる不純物が環境問題を起こしている場合もある。河川水は、処理して使用する水道水と

してではなく、直接飲料用に用いられる場合が多いため、たとえ河川水中の農薬残留量は同じでも、その摂取量は水道水を用いる場合よりもはるかに高くなる。

1986～1988年に台湾で抜き取り検査した野菜・果物の約30%が、FAO/WHO（世界保健機関）が定める食物中の農薬の「最大残留基準」（コラム参照）を超えていた。監視機関が発足してからは、年々その率は低下して、1994年には3.4%、1999年には1.8%にまでなった（Li 1999）。同様に韓国でも1988年には4.2～5.6%（検査機関の違い）であったのが1999年には1.8～2.6%に、2000年には0.8～1.4%になり、ほぼ先進国の水準に達している（Oh 2001）。

中国産ホウレンソウと農薬残留

2002年、世間を騒がせたのが、中国産の冷凍野菜とくにホウレンソウで、有機リン系殺虫剤クロルピリホスが最高で2.5ppm検出された。食品衛生法で定める0.01ppmを上回っているこの冷凍野菜ホウレンソウは、輸入時検査では659件中46件と約7%に達した。これらのホウレンソウは無農薬・無化学肥料で栽培された「有機」認定であったこと、中国からの輸入が年間5万トンにもなることが問題を複雑にしている。その結果、食品衛生法が改正され、特定の国の問題のある食品について、従来のように個別の検査によらず、包括的に輸入を禁止できる仕組みが法的に新たに作られた。

クロルピリホスメチルはクロルピリホスに化学構造は似ているが、人畜毒性も魚毒性もより低い化合物である。1995年に学校給食パンの残留農薬を調べた結果、同じく有機リン系のマラチオンとともにほとんどの検体で検出され、平均値は両方とも0.009ppmとなった。これらは収穫後の害虫防除に使用されたものと思われる（「食品と暮らしの安全」編集部 1995）。

クロルピリホスは、1993年の米騒動のときに米国で販売されていた米の検査では検体の22%で検出され、倉庫床下のシロアリ駆除用に使用したものが気化吸着したと考えられている。クロルピリホスは、体重50kgの人が毎日食べつづけても健康に影響がない量は0.5mgであり、最高検出値の2.5ppmのホウレンソウを一生涯毎日200g以上とりつづけると健康に障害が現われる。ちなみに最近の日本人の野菜摂取量は、1日当たり270gである。したがって冷静にこの数値を受け取る必要がある。

日本では1995年は0.01％、1996年は0.03％で台湾、韓国よりもさらに2桁低い水準を示している（厚生省 1998）。日本は世界有数の農薬使用国であるが、それをすぐさま農薬残留世界トップと、短絡的に考えるのはまちがっている。ちなみに1987年の日本人の1日当たり農薬摂取量は、4種の有機リン剤のうちダイアジノン、フェントエートは検出されず、フェニトロチオン0.2μg、マラソン0.22μgで、これは1日当たりの摂取許容量のそれぞれ0.17％、0.02％で、健康に問題が起こる数値ではない。

　冷凍野菜は加工品として、これまで検査の対象にされていなかった。中国産の冷凍ホウレンソウでの残留問題は「抜け道」があったことを示している。それにつけても、多摩動物公園で飼育していたクダマキモドキ（キリギリスの一種）に無農薬栽培という小松菜を与えたところ、3日間ほどで70〜80匹の飼育集団が全滅したとか（田畑 2001）、20年前は問題がなかったが、最近は夏場のハクサイは昆虫の飼育には使うなというのが昆虫専門家間の常識だという。これにはコナガ（17頁参照）の抵抗性対策に使われている微生物農薬BTが疑われている。BTはチョウ目に特異的に殺虫効果があるが、人畜には影響はない。いずれにしろ、食品の安全性についての消費者の不安をなくすためにはなお一層の努力が必要である。

熱帯アジアの現状

　ところが日本、韓国、台湾などの国以外では、財政的・技術的問題からまだ監視機関も十分に機能していない。インドネシアでは大統領令によって1986年には農薬57品目が水稲での防除に使用禁止になった。しかし禁止10年後の1997年でも、米で各種の有機塩素系、有機リン系の農薬の残留が検出されており、農家はこれらの農薬の環境

最大残留基準

　最大残留基準とは、Maximum Residue Levelのこと。各国における適正農薬使用基準にもとづいて農薬を使用した場合、農産物、食品および飼料中に残留する農薬の最大濃度の限界値をいう。食生活の違いなどを反映して食品の残留基準値も国によって差があることがある。FAO/WHOの国際委員会では、食品の安全性について世界共通の基準が必要との立場から、最大残留基準を設定して食品の安全性を確保している。

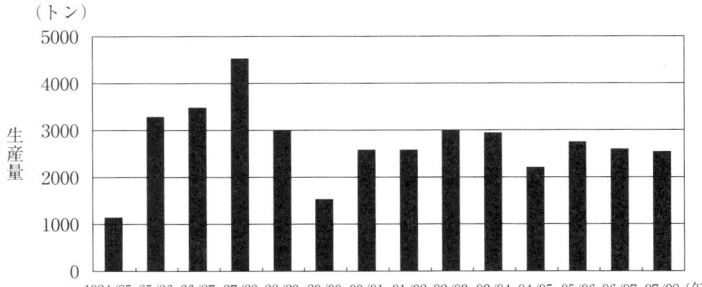

図Ⅰ-2 インドネシアの農薬有効成分生産量の推移
トビイロウンカの誘導異常発生を回避するため、1986年11月に有機リン剤（57品目）の水田での使用が大統領令で禁止された。また、1989年1月より農薬に対する政府補助金も廃止された（Soejitno 2000より作図）

や健康に対する影響についても気づいていないという（Soejitno 2000）。

インドでは農薬が検出されない食品はわずか2.5％で、残りの97.5％で検出され、「最大残留基準」を超える食品はそのうち25％にも達している（APO 2002）。ワールドウオッチ研究所のPostel（1987）によれば、インドでの総農薬使用量の4分の3はDDTやBHCが占めているという。パンジャブ地方の女性から採取された75の母乳サンプルすべてからこれら有機塩素系農薬が検出され、乳児たちは許容量の21倍も摂取していることがわかった。また食物中の農薬残留量は0.51mg/日/人で大幅に許容量を上回っており、健康や生殖への影響が心配される（Alam 1994）。FAO/WHOが決めた体重50kgの人の1日当たり許容量250μgすなわち0.25mg/日/人と比較すれば、その状況が理解できる。インドではBHCの製造・使用禁止は1997年4月からで、日本が1971年に使用を禁止してから26年後である。

この背景には、カが媒介するマラリアやデング熱の存在がある。マラリアは現在でも患者数が年間3億〜5億人と推定されている。日本脳炎と違って、どちらにも未だワクチンは開発されていない。財政的にも豊かでない発展途上国では、安価で残効性の高いDDTなどの塩素系殺虫剤の使用も背に腹は代えられないのである。地球温暖化にともない、マラリアには24億、デング熱には18億の人口が危険にさらされるようになると予測されている（表Ⅱ-3参照）（桐谷 2001）。使用を禁止するだけで問題が解決するわけではない。

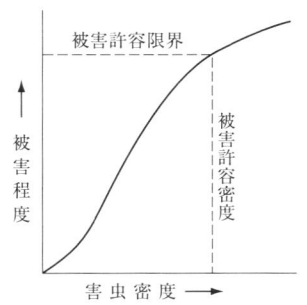 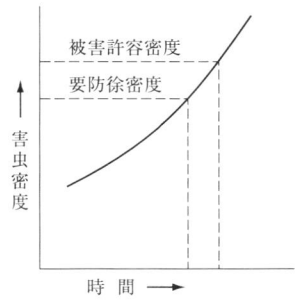

図 I-3　被害許容限界、被害許容密度（水準）および要防除密度の相互関係を示す模式図
被害程度と害虫密度および害虫密度と時間経過の関係を示す曲線の形は任意的なものである（巖・桐谷 1973）

40日運動と減農薬

　現在、FAOやIRRIの指導のもとに、アジアの数カ国で水稲害虫防除にいわゆる「40日運動」が行なわれている。移植40日以内に農薬散布をすると、ユスリカやトビムシなどの捕食性天敵の餌となる「ただの虫」を殺すことになり、その結果天敵の増殖をそぐことがわかってきたからである。この運動のおかげでフィリピンでは1作期当たりの農薬使用回数が3.2回から2回に、農薬代も17ドル/haから7.6ドル/haになった。同じことが南ベトナムでも行なわれている。しかし、集約的稲作の省力化を支えるため、これからも除草剤の使用量の増加が予想される。インドネシアでの農薬生産量は、大統領令の数年後（1989～1990年）には急激に減少しているが、その後は除草剤の増加によってピーク時の約50～70%の水準で推移していることもこれを裏づけている（図 I-2）。

一石三鳥の要防除密度

　害虫管理の中心概念として、経済的被害をもたらす害虫の最低密度と定義される被害許容水準（Economic Injury Level：EIL）、および害虫の密度がそのレベルに達するのを未然にふせぐために防除を行なうべき害虫密度をさす要防除密度（Control threshold；Economic threshold）が一般に用いられる（図 I-3）。
　減農薬を実行するためには、作物の被害許容水準（ここでは作物の被害だけにかぎり、環境負荷などのコストは除外している）にもとづいた要防除密度の設定、すなわ

表Ⅰ-7　一石三鳥の要防除密度

国民	生物多様性に富んだ豊かな里山と農村環境
消費者	安全・高品質の農産物
農家	食物として安全な自家生産物
	商品として安定収量、省力、経済的、かつ健康（中毒回避）
農薬メーカー	抵抗性発達の回避（開発費用の回収）

必要な時に、必要な場所に、必要なだけ使用する。
技術者の、農家による、国民のための経済的許容水準に基づいた要防除密度。

ち害虫の密度が要防除密度に達するまでは防除しないことである。そのための害虫の発生予察とモニタリング、また防除費用と収益比などの経営的感覚も必要となる。農家は経済的、省力的かつ安全な害虫防除を望んでいる。消費者は安全でクリーンな食品を要求する。農薬メーカーがもっともおそれているのは、開発した農薬が害虫の抵抗性発達によって効果がなくなることである。抵抗性に関しては、現在の技術では発達の予知も阻止も望めそうにない。これら三者三様の要求を解決できるのは要防除密度の導入である。低毒性、非残留性（易分解性）、天敵やただの虫に影響の少ない選択的な農薬を、必要なときに必要最小限に使うことができれば、これらの要求の妥協点が見出されるだろう（表Ⅰ-7）。これが減農薬防除への道である。

　県の防除所が発表する発生予察情報も考え直す必要がある。これまでのやり方は、巡回調査を行なって、平均発生密度が要防除密度に達していたら、防除所は防除を呼びかける。しかし理屈上からは半数の圃場は防除不要で、あとの半数が防除を必要としているだけである。防除所は天気予報のように「防除（降雨）確率50％ですから、防除（傘）の要否は各自の圃場をみてご判断ください」という情報を流せばよい。害虫の発生や被害を許容できる程度も圃場（農家）ごとに違う。したがって減農薬はあくまでも個々の農家の判断にかかっているのである。

緑の革命——稲の新品種

耐虫・耐病性品種の利用

　毎年世界では40万〜200万の人が農薬中毒にかかっているという。しかもその大部分を発展途上国の農民が占めている（Postel 1987）。熱帯では多くの農家は貧しく農薬を購入するだけの十分な資力もないうえ、炎天下では長袖、ズボン、マスクの着用など農薬散布にともなう危険回避も難しい。さらに散布した農薬が降雨で洗い流され

表I-8　抵抗性品種の利点と欠点（Kogan 1982）

利点	欠点
1．対象害虫のみに有効	1．選抜に時間がかかる
2．効果が累積的	2．遺伝学的な制約
3．効果は永続的	3．バイオタイプの出現
4．環境にやさしい	4．作物形質と抵抗性形質の矛盾
5．利用が容易	
6．他の防除手段と併用が可能	

る程度も温帯にくらべ大きい。このような熱帯アジアでの状況を考えると、病害虫抵抗性でかつ多収性の品種の導入がもっとも望ましい（表I-8）。

　組み入れた抵抗性が単一もしくは少数の遺伝子にもとづく場合は、遺伝子の取りこみは容易にできる代わり、それが広範囲に栽培されると短期間に失効する。殺虫剤の過剰使用は害虫の薬剤抵抗性の発達をうながすのと同様に、抵抗性品種を広範囲に栽培すると、抵抗性品種上でも成育できる新しい遺伝形質をもった個体が害虫個体群のなかで優占化してくる。このような遺伝的新系統をバイオタイプと呼んでいる。その点ポリジーン（多数等価同義遺伝子）由来の抵抗性はバイオタイプが出現するリスクは少ない。抵抗性品種の利点として、他の防除手段との併用が容易なことがあげられるが、非選択性殺虫剤による防除は天敵を殺す結果、誘導異常発生による対象害虫の増加が淘汰の効率を高め、抵抗性品種への加害性の発達を促進する。

　稲での「緑の革命」を目的にマニラ郊外に創設されたIRRIは、ミラクルライスと呼ばれたIR8をはじめとする多収性品種を作出した。この品種の特性を発揮させるためには、在来種の2〜3倍の窒素肥料と灌漑水を必要とする。また日長にはあまり反応せず生育期間も短いので、灌漑設備があれば時と所を問わず栽培が可能で、同じ農地での多期作も可能であった。この多収性品種はアジア各地で受け入れられ、その栽培面積も7000万haに達し、全水田面積1億5000万haの半分近くに植え付けられるまでになった。IR系統の多収性品種がこれほどまでに普及したのは、各種の病害虫に対する抵抗性遺伝子の新品種への導入も大きく貢献している（表I-9）。

IRRIでの抵抗性品種開発の軌跡

　熱帯アジアでの稲の最大の害虫は、ニカメイガ（チュウ）、サンカメイガ（チュウ）などの稲茎内部を加害する数種のガの幼虫である。ウンカは温帯圏では大害虫であっても、熱帯では「緑の革命」が進行するまでは害虫と認められていなかった。

　品種による病害虫抵抗性の違いは、20世紀初めから知られていたが、IRRIが1962

表Ⅰ-9　IRRI（国際稲研究所）における主な水稲害虫に対する抵抗性品種の開発状況（Pathak & Khan 1994）

害虫名	検定法開発	抵抗性の存在確認	抵抗性品種選抜	抵抗性品種実用化	抵抗性遺伝子同定	バイオタイプの出現
サンカメイガ	+	+	+	-	-	-
ニカメイガ	+	+	+	-	-	-
イネノシントメタマバエ	+	+	+	+	+	+
トビイロウンカ	+	+	+	+	+	+
セジロウンカ	+	+	+	+	+	?
ヒメトビウンカ	+	+	+	+	+	?
タイワンツマグロヨコバイ	+	+	+	+	+	+
ツマグロヨコバイ	+	+	+	+	-	?
クロスジツマグロヨコバイ	+	+	-	-	+	-
イナズマヨコバイ	+	+	+	-	-	-
トウヨウイネクキミギワバエ	+	-	-	-	-	-
イネミズゾウムシ	+	+	-	-	-	-
シロナヨトウ	+	-	-	-	-	-
アワヨトウ	+	-	-	-	-	-
クモヘリカメムシ類	+	+	-	-	-	-

註　+：実現ずみ、-：未実現　?：バイオタイプの出現の疑いあり

年にニカメイガ抵抗性の検定を約1万品種について始めるまでは、耐虫性の遺伝的ソースが十分あるとは考えられていなかった。また初期のメイチュウ抵抗性品種は、メイチュウ以外の病害虫には感受性で実用性がなかった。メイチュウ抵抗性の遺伝的背景も複雑で、現在にいたってもまだ満足できる実用品種は完成されていないが、後述のようにメイチュウ類にもポリジーンによる適度の抵抗性、さらに被害補償性も最近の品種には付与されるようになり、メイチュウによる被害も減少の傾向にある（**表Ⅰ-9**）。

　1969年に、メイチュウ、ツマグロヨコバイ、各種病害とウイルス病抵抗性かつ多収性のIR20が作出され、熱帯アジアでの稲病害虫のIPMの中核品種となった。1970年には、トビイロウンカ抵抗性遺伝子が稲で発見され、IR26の開発につながった。しかしトビイロウンカ抵抗性*Bph1*遺伝子を入れたIR26はフィリピン、インドネシアではわずか2年で崩壊した。フィリピンにおけるトビイロウンカと抵抗性品種のシーソーゲームを表Ⅰ-10にみることができる。フィリピンのルソン島では、1966年から1979年の間に殺虫剤の消費が5倍にも増え、トビイロウンカの被害もこの時期がもっとも激しかった。しかし1980年代後半からはトビイロウンカの発生も減少しつつある（Rombach & Gallagher 1994）。

表I-10　フィリピンにおけるトビイロウンカの発生の歴史（Rombach & Gallagher 1994）

1967年以前	トビイロウンカはまれな稲害虫で被害はない。
1967	米の自給計画開始。雨期の収穫量が初めて需要を上回る。抵抗性品種の選抜開始。Mudgoがトビイロウンカ抵抗性であることが判明。
1963～73	最初の大規模なトビイロウンカの大発生。
1970	*Bph 1*、*bph2*のトビイロウンカ抵抗性遺伝子を稲に見つける。
1973	Masagana 99計画発足。種子・肥料・農薬のセットが配布される。
1974	IR26（*Bph1*遺伝子）が配布される。トビイロウンカの大発生抑圧される。
1976	IR26でトビイロウンカの大発生。
1976	IR36とIR42（*bph2*遺伝子）を配布。トビイロウンカの大発生抑圧される。Masagana 99計画による政府補助減少。
1977	*Bph3*および*bph4*遺伝子発見。
1980	トビイロウンカの発生を天敵が抑圧することを発見。
1982	IR42でトビイロウンカの大発生。
1982	*Bph3*遺伝子をもった新品種導入。トビイロウンカの大発生抑圧される。
1987	*bph4*遺伝子をもった新品種導入。
1988	IR66（*bph4*遺伝子）上でトビイロウンカの発生がネグロス州で確認。大発生が予想される。

註　Bph、bph記号の大文字Bはトビイロウンカ抵抗性が優性遺伝子、小文字bは劣性遺伝子によって発現することを示す

　トビイロウンカに抵抗性を示す遺伝子はこれまでに9つの主要遺伝子が発見されている。フィリピンで抵抗性を示すいくつかの品種は、インド、スリランカでは感受性である。南アジアのトビイロウンカは東南アジアの系統より加害性が強いのである。日本ではツマグロヨコバイに2つのバイオタイプが、イネノシントメタマバエはインド国内だけでも4タイプが報告されている。複数の害虫種やバイオタイプの存在は、複合抵抗性品種の必要性を示しているだけでなく、バイオタイプの出現を阻む科学的な栽培システムの確立を要求している。

バイオタイプの出現を阻む

　IRRIの研究者は、理論的にはともかく現実には抵抗性品種を加害できるウンカが現われる可能性はほとんどないと主張していた（Pathak 1970）。しかしそれは希望的観測にすぎなかった。1970年からツマグロヨコバイにも抵抗性があるといわれてきたIR8の栽培圃場で、ツマグロヨコバイが連年のように増加しだしたのである。
　抵抗性品種の育成と害虫のバイオタイプの出現とのいたちごっこでは、通常新品種の育成速度よりもバイオタイプの出現速度の方が早く、抵抗性品種の育成が追いつかない場合が多い。そのうえ作物の抵抗性遺伝子の数に限りがある以上、このいたちご

っこの勝負では最終的には人間側に勝ち目がない。

　IRシリーズの多収性品種の栽培は水田生態系に大きな変化をもたらした。それは(1)遺伝的に等質の品種の単作大面積栽培である。その結果、稲作における遺伝的ならびに生態的多様性の減少によって特定害虫の大発生頻度の増加をもたらした。(2)稲が年間を通じて栽培可能になったため、害虫や害虫が媒介するウイルス病などが増加した。(3)密植、多肥、鬱閉条件がもたらす株間の高湿度、陸稲から水稲への転換などの耕種条件の変化によりトビイロウンカの増殖を導いた。このため多収性品種の栽培によって殺虫剤の使用がかえって増加することになった。

　新しいバイオタイプの出現に対する対抗手段としては、農薬の場合と同様、害虫の新たなバイオタイプの出現を遅らせることである。そのためには、複数の品種の混植によって遺伝的多様性を高めるなどの耕種的手法と、害虫に対する抵抗性品種の淘汰圧を最小限にするため、ある割合で感受性品種を混作したり、天敵の働きを最大限利用して害虫密度を低く保つ管理法を計画的かつ科学的根拠にもとづいて実施することである。

混植

　現代農法では1品種を栽培に用いるのが普通である。しかし複数の品種を混ぜて（マルチラインという）大規模に栽培することによって、いもち病に対する抵抗性が増強されることが実証された。中国雲南省では雲南大学のZhu Youyongらが、稲の複数品種の混播種を数千の農地で行なうことによっていもち病抵抗性を強化した。IRRIのMew博士をリーダーとするチームが中国等で進めてきたプロジェクト"Exploiting Biodiversity for Sustainable Pest Management（生物多様性を利用した持続的有害生物管理）"が、国際農業研究協議グループ科学賞（CGIAR Science Award）に輝いた。このプロジェクトでは、品質は良いがいもち病に弱いもち米と、いもち病抵抗性のハイブリッド米とを混植することにより、農薬の使用を減らしながら収量を上げ、農民に増収入をもたらした。もち米でのいもち発生率が混植により94％下がり、収量は84％増加し、農家収入は1作当たり、1ha当たり281ドル増加した。

　このプロジェクトはアジア開発銀行が資金を提供し、1997年に中国雲南省で始まり、2001年の適用面積は雲南省のインディカ栽培地帯の60％（10万6000ha）、2002年には20万haに拡大している。同様のプロジェクトはインドネシアでも始まり、フィリピンでは混植によるツングロウイルス病の防除試験が始まっている（IRRI HotLine

2002-5)。

わが国でも稲いもち病防除のため、マルチラインによるササニシキBLが実用化されている。これについては第Ⅲ章「有機農業の未来・抵抗性品種」の項で後述する。

総合的有害生物管理（Integrated Pest Management：IPM）

IPMの定義は多数あるが、「収量の維持または増加を図るため、環境や社会へのリスクを最小にして、なおかつ農家の利益にもなる防除手段の合理的な組み合わせシステムをIPMという」というのが、害虫のみならず、病害や雑草にも適用できる実用的な定義であろう（Kogan 1998）。

IPMは最初は害虫の分野から提唱されたので、通常、総合的害虫管理とされてきた。しかし実際の圃場では、害虫のみならず、病害、雑草も作物の減収要因である。これらについても農薬をはじめ各種の防除手段が開発されてきたので、IPMの適用範囲が広がりこれらを含め有害生物を対象とするようになった。本書ではもっぱら対象を昆虫に限っているので、総合的有害生物管理といわず、簡単に害虫管理もしくはIPMを使うことにしている。

熱帯アジアにおける稲の害虫管理

熱帯アジアにおける稲作のIPMは、過去20年の間に大きく変わった（Matteson 2000）。害虫による減収を潜在収量の40％に及ぶとしたIRRIの査定は過大推定であったことがわかってきた。またメイチュウ類にもポリジーンによる適度の抵抗性、さら

世界銀行のIPM計画はなぜ失敗したのか

世界銀行が東南アジア諸国で、総合的有害生物管理（IPM）の一環として進めてきた「研修と戸別訪問方式による普及活動」（Training and Visit〈T&V〉Extension System）による農家への技術移転方式は、その上意下達の官僚的方式や選択余地のない農薬・肥料・種子セットの押しつけ、さらには政府から営農資金を借りる場合には農薬を一定量毎年買うことを義務づけられるなどの技術・制度上の矛盾のため、十分な効果を発揮できず失敗に終わった。

表Ⅰ-11 緑の革命方式と農業生態学的方式の比較（UNDP 1995）

項目	緑の革命（GR）	農業生態学
技術		
作物	ムギ、トウモロコシ、米など	すべての作物
土地条件	平地で灌漑可能地域	全地域、とくに限界地（天水、傾斜地）
主な栽培	同一品種の単作	混作、遺伝的に多様
投入	化学資材、機械、石油の外部投入に依存	窒素固定、生物的防除、有機物利用、地域の再利用可能資源に依存
環境		
環境と健康への影響	中―高（化学汚染、浸食、塩害、抵抗性発達など）。農薬の被爆と食物残留	なし
消失作物	主に伝統的品種、地方品種	なし
経済性		
研究費	比較的大きい	比較的少ない
資本の必要性	大。すべての投入資材は市場で購入	少。大部分の資材は地域で調達可能
資本の回収	大。早い。労働生産性が高い	中。収量最大まで時間がかかる。労働生産性は低いか中程度
施設制度		
技術開発	準公共団体、私企業	主に公共部門、大型のNGO
社会文化		
研究分野	従来の育種学と農学原理	生態学と広い専門知識
農民参加・関与	少（利用技術が上層部からの指示で決まる）	大きい。地域共同体も加わる
文化的取り組み	非常に少ない	大きい。在地の知識と住民組織の幅広い活躍

註　GRの恩恵を受けたのは資本があり優良農地を所有する富農である。しかも、GRは土壌浸食、砂漠化、農薬汚染、多様性の消失をもたらした。これらの技術革新は小農には無縁であった
　　農業がもたらしている環境問題は大規模な単作農業に根ざしている。たんなる代替技術の置き換えでは解決できない。高瀬（1998）の言う農・林・牧・魚の共生による第6次産業の考え方、伝統技術と近代技術を組み合わせること（辻井1998）、Swaminathanの提唱するEco-technique（Ecology+Economy+Technology）は共通の認識に立っていると思われる（渡部・海田編2003）

に被害補償性も付与されるようになり、メイチュウによる被害も減少の傾向にある。作期の違う稲の混作は、水や労力の配分に有利なばかりか、天敵を継続的に温存する結果、害虫の発生はみられるものの、大発生の頻度は少なくなることもわかってきた。食糧の基幹をなす穀類の生産に限れば、抵抗性品種や土着天敵の利用、単一遺伝子型品種の大面積栽培を避けるなどの耕種的手法を中心としたIPMシステムが望まれ、合成農薬の使用は必要最小限にすることが持続的農業を達成する道である。

　IPMのためには、(1)農家が害虫と天敵を識別できるようになること、(2)自分の圃場で調査をすること、(3)各種の防除手段を使えること、(4)農薬以外の手法を使い、害虫

表Ⅰ-12 総合的病害虫管理（IPM）および生物的防除（BC）の成功例（Postel 1987）

国または地域	作物	戦略	効果
ブラジル	大豆	IPM	7年間で農薬使用が80〜90%減少。
中国・江蘇省	棉	IPM	農薬使用は90%、害虫管理費は84%減少。収量は増加。
インド・オリッサ州	米	IPM	殺虫剤使用が3分の1ないし2分の1減少。
米国・テキサス州南部	棉	IPM	殺虫剤使用は88%減少。農家の平均純収益は1ha当たり77ドル増加。
ニカラグア	棉	IPM	1970年代初めから半ばにかけて、殺虫剤の使用は3分の1減少。収量は増加。
赤道アフリカ	キャッサバ	BC	約6500万ヘクタールにおける寄生蜂によるコナカイガラムシ防除。
米国・アーカンソー州	米、大豆	BC	市販の菌配合「バイオ除草剤」による有害雑草防除。
中国・広東省	サトウキビ	BC	農薬の3分の1の費用で、寄生蜂によるシンクイムシ防除。
中国・吉林省	トウモロコシ	BC	バイオ農薬や寄生蜂による主要害虫の80〜90%防除。
コスタリカ	バナナ	BC	農薬使用の停止。天敵による害虫防除。
スリランカ	ココナツ	BC	1970年代初頭に天敵が発見され、3万2250ドルをかけて導入された結果、年間1130万ドル相当の害虫による被害を防いでいる。

が経済的被害をもたらすときにのみ農薬使用を限ることなどが必要になる。このためには指導者の育成、展示圃場の設置、また防除プログラムもその土地の風土習慣に合うように工夫することが必要である。

農民学校

　熱帯アジアのIPMを大きく変えたのは、従来のトップダウンに対してボトムアップ方式である。これまでの行政、時には農薬会社のスタッフからのトップダウン的技術指導に代わって、インドネシアで実施されている農民学校（Farmer Field School）のような、農家が主体性をもって行なうIPMが主流となることが期待される。この方式では農民が中心となって調査を行ない、その農民がまた他の農民を教えるという方

式である。さらに農民が実験圃場を設置し、自らの体験を通してIPMを実行・普及する。ここでは主体が農家であり、農業技術者や研究者は農民の学習や実行を助ける立場の脇役である。また大農による大規模経営ではなく、小農経営を基盤とした複合的土地利用によるエコテクノロジーを生かした経営、すなわち水を中心とした米、魚、それに農地の多毛作的利用や裏庭を利用した果樹、野菜、家禽の栽培飼育による循環型の農業である（表Ⅰ-11）。世界各国でいろいろな作物を対象にIPMの試みが実施されている。日本での試みは後述するとして、中国はもっとも熱心に取り組んでいる国のひとつである（表Ⅰ-12）。しかし後述するように（第Ⅲ章）、キューバの有機農業への取り組みは、国をあげてのIPMの実験場ともいえる。

新しい多収性品種

　IRRIでは、すでに収量が限界値に達している従来の稲品種に代わる、新しい稲多収性品種（New Plant Type：NPT）の育成に取りかかっている。その特徴は、強い茎、深い根茎、立った葉、大きな穂（200～250粒/穂。既存の品種は100～120粒/穂）、少ない分けつ茎数（9～10茎/株で、既存の品種では27に達し、穂が出ない無効分けつが多い）である。インドネシアのブル品種をもとに約60の品種との交配を重ね、成育日数110日、最大限界収量12トン/haで、いもち病、白葉枯病、トビイロウンカ、ツマグロヨコバイに対し抵抗性をもつ系統が育成されている。これらの系統はジャポニカに近い短粒型なので、より需要の多いインディカ型への粒型の改良が進められている。また香り、食味などの品質の改良、ツングロ病、メイチュウ抵抗性を付加する努力も続けられている。この系統は、既存の多収性品種とくらべると、乾期の収量はほぼ同じであるが、雨期の収量が顕著に高い。中国をはじめ数カ国でこれらのNPT品種の栽培試験が始まっている（IRRI Annual Report 1999-2000）。このNPTの導入によって収量は従来にくらべ約25%の増収が可能だとみこまれている。

　しかしこの改良品種の草型は、メイチュウ類にとってはその増殖に好ましいタイプである。実験圃場ではメイチュウの被害が大きく、遺伝子組み換え技術によりメイチュウなどチョウ目昆虫に効果のあるBtタンパク毒素の導入もすでに行なわれ、その評価試験も各地でなされている。遺伝子組み換え体の栽培には、アジアに多い野生稲への導入遺伝子の拡散、メイチュウなどの抵抗性系統の出現、天敵への影響など、そのために検討ないしは解決すべき問題も多い（Matteson 2000）。またこの品種の普及によって、「緑の革命」がもたらした社会的・経済的歪みを拡大することがあってはならないだろう。

日本農業への期待——水田の多面的機能

　1999年に制定された「食糧、農業、農村基本法」の4本柱のひとつに「農業の多面的機能の発揮」があげられている。多面的機能とは農業の公共的便益のことで、水田の多面的機能には洪水防止機能、水質浄化機能、水源涵養機能、生き物を育てる機能、風景を形成する機能、気候緩和機能などがある。

　わが国は雨が多い。世界平均降雨量の2倍、年間1800mmに達する。降雨量を水田が一時的に貯水することによって洪水を防止している。もしこれだけの雨量をダムによって代替するとした場合の、ダムの建設費、維持費などを金額に換えると約2兆円になる。農村景観や教育的環境を保全することによるグリーンツーリズムなどの価値は約1兆7000億円、すべての機能を合わせると4兆6000億と見積もられる（三菱総研1991ほか）。1996年に野村総合研究所が行なった調査によると、農業・農村が果たすこれらの公益的働きを守るために、一般市民は1世帯当たり平均で10万1000円を支払う意思があるという。したがってこれに全国の世帯数をかけると、農業・農村がもついわゆる外部経済額は4兆1000億円と見積もられている。

　このように水田がもつ環境保全機能は高く評価されているが、実際には耕作放棄田や休耕田が増加し、その機能は低下しつつある。もし水田の環境保全機能の経済価値が、その維持・増進のための費用を上回るなら、税金を使ってでもそれを支援する必要がある。奈良県農業試験場の藤本（1998）の調査によると、稲作水田の荒廃を防ぐことに対して、奈良県民が税金あるいは米価として支払ってもよいと思う最高金額は1世帯当たり平均年間約8万円であった。これに奈良県の世帯数をかけると経済価値は年間361億円（日本全国では約3兆3000億円）、さらにこれを水田面積で割ると10a当たり年間29万円となり、米の粗生産額の約2倍にもなった。10a当たりの経済価値を水田の地域別にみると、平坦地域が年間21万円、中山間地域が37万円、都市近郊地域が19万円となり、中山間地域の水田が高い環境保全機能をもつことを明らかにしている。

　日本における水田はわれわれの主食の米を生産する以外に、年間4兆円前後の付加価値を生んでいるのである。農産物は輸入できても環境は輸入できない。農業を切り捨てて環境を守ることはできないのである。農水省では中山間地の傾斜地などの稲作条件不利地において、生物の保護や自然生態系の保全に役立つ取り組みに対し、直接農家に補助金を出している。

表Ⅰ-13　水田の成り立ちと害虫管理戦略の保護→防除→管理→共存にいたる移り変わり

	生産技術	管理戦略	水生生物など
1945年以前			
自家生産	湿田、土畦	植物保護	多様な生物
	鯨油、人力	消極的共存	
1945〜1990年			
生産性向上	乾田化	病害虫防除	絶滅、激減
	U字溝	（消毒思想）	
	農薬、肥料	稲以外の生物	
	機械	の存在を否定	
1990年以降			
持続的生産	減農薬	IPM（管理）	保全・保護
	有機栽培	C/B比、EIL	
	天敵	Key pests	
	抵抗性品種	ただの虫の認識	
21世紀			
総合的生物多様性管理（IBM）			
稲以外の生物とも積極的に共存を図る。			

註　C/B比：費用 便益比
　　EIL：経済的被害許容水準
　　Key pests：重要害虫

　水田は米を生産するために開発された農地である。生産性を上げるために、水路のコンクリート化や乾田化などの基盤整備とともに、農薬や化学肥料などの農業資材の投入によって収量の向上を行なってきた。病害虫・雑草を防除する「生き物を殺す技術」と「生き物を育てる機能」の両立を図る方策を探ることが、本書の目的のひとつでもある。これらの価値評価が経済的な側面に限定されがちであることは、現状ではやむを得ないかもしれない。しかし、農業が、そして自然が提供する産物やサービス（恵みともいえる）の生態学的な解明が進むにつれて、この評価は変わっていくであろう。

総合的生物多様性管理（Integrated Biodiversity Management：IBM）

　日本における20世紀の水稲害虫防除を振り返ってみると、次のようなことがいえる。1945年までは稲を害虫から守るという、いわゆる植物保護（Plant Protection）の時

代で、どの防除手段も決定的な効果はなかった。守りが中心の戦略で、積極的に病害虫を攻撃するという発想はなかった。このため水田で育つ赤トンボも、保護など考えなくても秋になればごく普通にみられた。今では1頭数千円で売られたりする希少種のタガメも養魚場の大害虫だった。多様性は消極的ながら保全されていたのである（表Ⅰ-13）。

　合成農薬が登場した戦後は消毒防除の時代で、「守る」受け身の立場から「積極的に」害虫を殺す、「攻め」の姿勢に転換した。その根底には、作物以外の生物は天敵も含め一切その存在を否定する消毒思想があった。その結末は薬剤抵抗性の発達、食品や環境への残留、害虫の誘導異常発生、各種の昆虫を含む生物相の破壊であった。

　その反省として広く受け入れられるようになったのが、IPMの考え方である。これは日本では1960年代後半から提唱されているが、この考えが広く受け入れられるようになったのは1980年代後半以降ではなかろうか。しかしながらその実行と普及となると、一部の先進的農家や集団を除いてはまだ模索段階にあるといえる。

　管理の思想は、水田とその周辺部も含めて管理の対象とし、経済的被害許容水準（EIL）、要防除密度、費用対効果比などの経済的概念がその主軸を占めている。したがって害虫がIPMの過程で絶滅しても、害虫であるがために問題にしない。IPMでは「ただの虫」を含む生物への影響は最小限に抑えようと努力する。しかし、しばしば生産を最終目的とする農生態系では自然保護、生物多様性保全と対立する。

　1992年にリオデジャネイロでの環境サミットで生物多様性条約の枠組みが決まった。これを受けて生物多様性は21世紀のキーワードのひとつとして、自然環境のみならず、それと密接な関係をもつ農業生産の場でも避けて通れない問題となってきた。自然保護の立場では、その存続を脅かされている危急種や希少種については、その密度を絶滅閾値以上に高めることが要求される。しかしタガメの例でもわかるように、増えすぎると逆に害虫になる場合もある。したがって、その密度がEILを超えないように管理する必要がある。これは害虫についても同様である。このような管理法を総合的生物多様性管理（Integrated Biodiversity Management）すなわちIBMという。ここでは害虫を含む生物との積極的な共存がそのキーワードであり（表Ⅰ-13）、21世紀にはIPMがIBMに移行していくと考えられる（桐谷 1998）。IBMの詳細については第Ⅴ章で詳しく説明する。

第Ⅱ章　化学的防除の功罪

　第Ⅰ章では農業が直面している問題、すなわち激増する世界の人口を養うためには限られた農地での単収の増加が争う余地なく必要なことをみてきた。それを実現するための集約的栽培では、より大量の農業資材やエネルギーの投入が必要になる。それが環境を犠牲にして成立したとしたら、われわれ人類はその劣悪な環境下ではたして快適な生活を享受できるのであろうか。単収の向上と環境の保全をいかに両立させるか、またその手法は？というのが、現代のわれわれに課せられた問題である。問題の先送りは、われわれの子孫に大きな負の遺産を残すことになる。後からくる世代に負債を残さないための道は持続可能な農業（Sustainable Agriculture）の実行である。持続可能という言葉にはいろいろな定義があるが、「自らの要求を満たす際に、将来の世代の能力を損なうことなく、現在の需要を満たさねばならない」（World Commission on Economic Development 1987）という定義を本書では採用したい。

化学農薬依存への反省

『沈黙の春』の波紋

　合成農薬が登場した戦後は消毒防除の時代であった。農家は害虫防除のことを「消毒する」といっていた。事実、初期のBHCやパラチオンは、散布した後には何も生き物が残らないほどの素晴らしい（？）殺生物効果を示した。そのため当時の県農業試験場の研究者や技術者は、やがて害虫がいなくなって自らの職を失うのではないかとひそかに心配したものだ。英国では将来の研究者のために、害虫の標本を今のうちに保存しておこうという提案もなされたほどである。当時は伝染病患者が出た家には保健所から衛生係が来て、家の内外にくまなく消毒薬のクレゾールを散布したものである。水田や畑という開放系で薬を撒いて害虫を殺すのは、この消毒そのものであった。当然、消毒は良いことであり、撒けば撒くほど消毒され、安全に農作物を守れると錯覚することになった。結局作物以外の生物は、天敵もただの虫も含め、一切その存在を否定する「消毒思想」となった（**表Ⅰ-13**参照）。

写真Ⅱ-1
左：1964年の翻訳書
右：1964年、カリフォルニア大学生協で購入。すでに爆発的ベストセラーになっている

　1962年にレーチェル・カーソンの名著『沈黙の春』が出版された。
　「自然は沈黙した。うす気味悪い。鳥たちは、どこへ行ってしまったのか。みんな不思議に思った。裏庭の餌箱は、からっぽだった。ああ鳥がいた、と思っても、死にかけていた。ぶるぶる体をふるわせ、飛ぶこともできなかった。春がきたが、沈黙の春だった。」
　という衝撃的な書きだしから始まるこの本は、世界に波紋を広げた。私は1964年、ロンドンで開催された国際昆虫学会に出席する途中立ち寄った米国カリフォルニア大学の生協で本書を手にした。『沈黙の春』は『生と死の妙薬』という題名で同じ年に日本語訳が出版された（**写真Ⅱ-1**）。
　この本の影響は、国際昆虫学会のプログラム編成にもはっきりと読み取れた。農業昆虫学の部門では「合理的な害虫防除」のテーマのもとに、天敵利用、選択性殺虫剤、作付け体系の変更、最後に「起こりうる好ましくない副作用を最小限に抑え、現在使用しうるあらゆる方法の効果的かつ経済的な害虫防除への使用」という害虫の「総合防除」（現在は「総合的害虫管理」が使われる）の実例を含め、5日間にわたって議論された。また、"害虫防除――その現状"というテーマで、殺虫剤の無差別的使用への反省が多くの米国の学者によって述べられ、将来の方向として各種の代替技術が独立のトピックとして取り上げられた。

第Ⅱ章　化学的防除の功罪　　37

表Ⅱ-1　有機塩素系殺虫剤問題の日米の比較
　　　　水系と陸系の違いに注目

	日本	米国
主な殺虫剤	BHC工業原体	DDTおよびドリン系
影響を受けた野生生物	淡水生物：ホタル、メダカ	陸生動物：猛禽類
影響を受けた農地	水田	果樹園・ワタ畑
使用禁止年	1971（高知県 1969）	1972

BHCの環境汚染

日本と欧米との違い

　「沈黙の春」の前兆は、米国や欧州では鳥類でみられたが、日本ではホタルに象徴される。日本と米国の違いは、日本ではBHCによる水田と水系に依存する生物への影響であるのに対し、米国では果樹園や畑を中心とする陸系でのDDTの問題である（**表Ⅱ-1**）。ホタルの減少時期については、昭和20年代が4地域、30年代が7、40年代5となり、30年代すなわち1960年頃に顕著になったことがうかがえる（桐谷 1971b）。農薬は農地などの開放系で使用されるうえ、標的生物に生理活性物質として働くのは使用量のごく一部で、その大部分は分解されるまで環境中に残る。それが脂溶性の蓄積性物質であれば、生物的濃縮と食物連鎖を通じて、また化学的に安定なため物理的に遠距離に運ばれ、思いもかけないような環境汚染をもたらす。

　戦後の1945年から1970年までの日本の稲作は、米の高収量、安定生産がその目標であった。西日本では収穫期の台風の被害を避けるために、稲の早植えは農家の悲願であった。しかし早植えはメイチュウ類の産卵期にかちあうため、被害回避のためには晩植えしなければならない。この「前門の虎、後門の狼」の難問を農薬とビニールが解決した。春先の低温は苗代をビニールで覆うことによって解決され、ビニールをはがした苗代に飛来してくるニカメイガとその卵は農薬で殺す。稲作はかつての守りの態勢から攻めの農業に脱皮した。すなわち作物保護から病害虫防除への変身である（**表Ⅰ-13参照**）。BHCを中心にした農薬と化学肥料、ビニールの利用によって米の高収量、安定生産も達成され、米の単収も1960年代後半には400kg/10aを超え、生産過剰による減反が深刻な社会問題となるまでになった。1970年からは、減反を背景に高品質米の省力的生産を指向して機械化稲作が進められてきた。この陰に隠れてBHCによる環境汚染は、われわれの生活のあらゆる隙間を埋めていった。

表Ⅱ-2 佐賀方式の稲作が環境にもたらしたもの

	佐賀・福岡県	高知県
農薬使用量	4000g/ha	900g/ha（全国平均）
水田防除回数	13～14回	6回
水田土壌中 γ-BHC		
佐賀平野	240ppb（1968年、21検体）	38ppb（1968年、78検体）
筑後平野	178ppb（1968年、29検体）	
母乳（β-BHC）	0.52ppm	0.24ppm
人体脂肪（全BHC）	22.8ppm（1970年、北九州）	12.2ppm（1969年、高知）
水田昆虫相		
ハチ類種数	30種（佐賀県）	62種（和歌山県南部）
クモ類密度	0.0～0.3頭/株	4～5頭/株

桐谷（1971a）、於保（1964）、立川ら（1970）、食品衛生調査会（1970）、桐谷・笹波（1972）

基幹農薬BHC

　戦後、日本では食糧危機を背景に、稲の大害虫ニカメイガ（暖地ではサンカメイガも含め）の防除にBHCが大量に使われた。1960年代末のBHC工業原体の生産は日本が世界一で、4万5000トン/年に達していた。BHC工業原体には α β γ δ の4種の異性体が、それぞれ α 68～78％、β 9％、γ 13～15％、δ 8％の割合で含まれ、このうち殺虫成分は γ-BHCである。化学的防除の最先端を走っていたのは北九州で、世に佐賀方式といわれるほど病害虫防除に熱心であった。1969年の γ-BHCの全国平均使用量は900g/haだったが、佐賀県、福岡県では4000g/haを超えていた。したがって病害虫・雑草防除をあわせると水稲1作期当たり13～14回も薬剤散布をしていたことになる。高知県のように病害虫の多いところでも平均6回であるから、そのすさまじさがうかがえる（「減農薬の試み」の項参照）。そのため北九州のBHC残留濃度は、高知県とくらべて土壌では6倍強、生乳では4倍、人体脂肪では2倍、また水田におけるハチの種類数は和歌山県の半分、クモの密度は10分の1というありさまであった（表Ⅱ-2）。またクリークなどの内水面漁業にも計り知れない被害をもたらした。

生物的濃縮

　β-BHCは4つの異性体のなかでも脂溶性が大きく、生体内での残留はほとんどがこの β-BHCである。人体脂肪および母乳のBHC汚染が、東日本よりも西日本で、農村よりも都市の女性で高かった事実は、牛肉の消費習慣の違いによる。水生植物の稲は、吸着、吸収によって水田土壌中のBHCを数倍の濃度でワラに濃縮する。西日本では牛の飼料としてワラを与えるため牛肉が汚染され、食物連鎖によって人体脂肪や

表Ⅱ-3 蚊と蚊媒介性疾病（桐谷 2001）

	アカイエカ *Culex pipiens*	コガタアカイエカ *C. tritaeniorhnchus*	ヒトスジシマカ *Aedes albopictus*	シナハマダラカ *Anopheles sinensis*
近縁種	ネッタイイエカ *C. quinquefasciatus*		ネッタイシマカ *A. aegpti*	ガンビアハマダラカ *A. gambiae*
媒介病	フィラリア症	日本脳炎	デング熱	マラリア
危険人口	11億		18億	24億
患者数	9000	（数万/年）	1000万～3000万/年	3億～5億
病原体	線虫	arbovirus	virus	Plasmodium原虫
蚊での潜伏期間	最短10～11日	8～11日	8～14日	7～20日
伝染環	ヒト―カ―ヒト	豚―カ―ヒト	ヒト―カ―ヒト	ヒト―カ―ヒト
増加世代数*4℃	4.5	7.3	5.4	5.7
吸血時刻	夜	夜	昼	夜
蚊の生育地	生活廃水	水田	人工容器	水田・湿地
ワクチン	ない	ある	ない	ない
WHOの拡大予測**	＋	＋	＋＋	＋＋＋

＊：年平均気温が15℃の地域で温暖化が4℃のときの増加世代数。産卵前期間を計算から省いたために増加世代数は過大推定値になっている
＊＊：＋：拡大可能性あり、＋＋：可能性大、＋＋＋：非常に可能性大

母乳の汚染につながった（桐谷・中筋 1977）。

　BHCは価格も安く、適用害虫の範囲も広く、残効性も大きいので行政も農家も「消毒」をBHCで行なった。しかし安価なことは乱用につながり、またその非選択的な毒性は、害虫ばかりか天敵やただの虫を含む対象外の生物を殺すことになった。さらに残効性は農薬残留として母乳や食品、さらに環境汚染の問題を起こすにいたった。当時、汚染物質は単純に薄めればよいという「拡散の原理」で世論をかわそうとする動きがあったが、これは汚染を広げるだけで、生態系での残留物質の動向は、環境での濃度が低いほど濃縮率は逆に高まるという生物特有の「濃縮の原理」が支配していたのである（桐谷 1971a）。

長期残留性

　人類が作りだした化学物質の総数は1800万種類を超えるという。これらのなかには、重金属や有機塩素化合物などの環境や生物蓄積性で注目されるものが含まれている。後者のグループには、PCBやダイオキシンが、農薬ではDDT、BHC、クロルデンなどが含まれる。これらの物質は外因性内分泌攪乱化学物質（環境ホルモン）と呼ばれ、「環境中に偏在し、生体内であたかもホルモンのように振る舞い、内分泌系を攪乱す

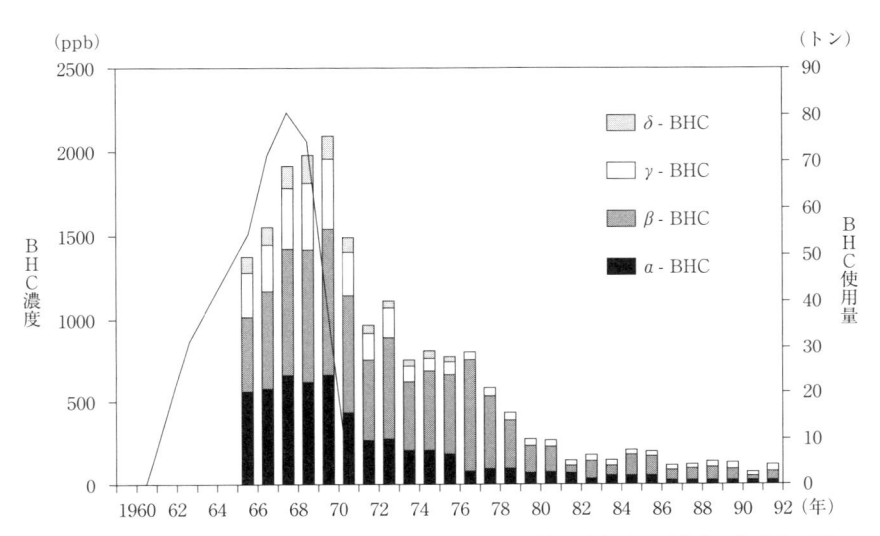

図Ⅱ-1 滋賀県におけるBHCの使用量（折れ線グラフ）と琵琶湖の小魚イサザ体内におけるBHCの4種の異性体の残留量（棒グラフ）の年次変化（1971年までのデータは、渡辺ら 1981、それ以後のデータは石田ら 未発表）（中筋 1997）

ることで野生生物やヒトにさまざまな異常をもたらす化学物質」と定義されている（田辺 1998）。先進国ではこれらの物質の生産は禁止されているが、世界で3億〜5億の患者がいるマラリアの媒介蚊を防除するために、DDTは最近まで広く使われてきた（**表Ⅱ-3**）。これらの有機塩素化合物による環境汚染は地球的規模で深刻化しつつあり、国連開発計画（UNDP）でも汚染の拡大を防止するための国際条約の締結を提案している。

　過去に使用された難分解性の殺虫剤が、いかに長期間にわたって残留しつづけるかという例をみてみよう。**図Ⅱ-1**は、琵琶湖の小魚、イサザ体内のBHC量の推移を1960年から30年以上にわたって調べた結果である。BHCの使用禁止の7〜8年後では500〜1000ppb（0.5〜1 ppm）が検出され、さらに10年以上たっても100ppb前後で残留しつづけていることがわかる。しかもβ-BHCが長期にわたり残留している。安田雅俊ら（私信）が茨城県内でDDT類とダイオキシン類の動態を土壌→ミミズ→モグラ→猛禽類という食物連鎖について調べたところ、どちらの化学物質も調査地の土壌中の濃度は環境基準値以下で全国平均レベルであったが、食物連鎖を通じてモグラに高濃度で蓄積しており、その汚染度はモグラを捕食する猛禽類の繁殖に影響が懸念

されるレベルにあった。

　BHCやDDTによる水質汚染は、熱帯、亜熱帯で顕在化している。しかも外洋大気や表層海水の汚染は、北半球でひどく、DDTよりBHCが高濃度で検出される。DDTはBHCにくらべ大気による輸送がされにくく、DDTの高濃度の残留は沿岸、河口部に限られる。これに対しBHCは北極周辺海域でも大気、表層海水にかなりの濃度で検出される。この海域に棲む鯨やイルカには高濃度の体内残留があり、1000万倍に及ぶ有機塩素化合物の濃縮がみられている（Tanabe *et al.* 1984）。

　これらの長命の海棲哺乳動物が高濃度の有機塩素化合物に汚染されているのには、次の3つの理由が考えられる（田辺 1998）。第一に多量の皮下脂肪（ブラバー）をもっていること。アザラシの乳仔では皮下脂肪が50％にもなり、脂溶性の高い有機塩素化合物はいったんここに取りこまれると簡単には排出されない。第二は乳の脂肪含量が高いため、授乳によって多量の有機塩素化合物が子どもに移行する。スジイルカでは母親体内のPCB総量の60％が10分の1の体重の乳仔に移行する（Tanabe *et al.* 1994）。第三に高等動物では有害物質の分解能力が、陸上性、沿岸性、外洋性の順に低くなっている。有機塩素化合物を分解する薬物代謝酵素系は、フェノバルビタール（PB）型とメチルコラントレン（MC）型に分けられるが、鯨類はPB型の酵素系をもっていないため、陸上の哺乳類や鳥類にくらべ格段に分解能力が劣るという。同じ化学物質でも、生物の種によって感受性が大きく異なる。化学物質に対する種特異性の問題は、生物多様性の保全を考える場合に非常に重要な要素となる。

生態学からみた蓄積性物質の残留

　有機塩素化合物のような蓄積性物質の挙動の特徴は、第一に物理的媒体と生物では異なること、また個体と個体群でも異なってみえること、第二に個体群でのみかけの半減期はその生物の平均寿命に比例することである（桐谷 1974；湯島ら 2001）。

　具体的にいえば、水や土壌中では蓄積性物質の消失は分解による。生物個体では分解に加えて排泄も働く。個体群では分解、排泄、さらに出生と死亡が加わる。もし新たな物質の加入がなければ、土壌中の残留濃度の経時的減少がその物質の分解消失率と大まかに考えることができる。生物ではもし排泄量が摂取量を上回れば、たとえ蓄積性であっても蓄積することは期待できない。また鯨類では雌にくらべて雄のほうが有機塩素化合物の蓄積濃度が高いのは、雌は授乳によってかなりの量を子どもに移行、すなわち排泄しているためである。

　BHCでもDDTでも牛乳、母乳、人体脂肪中の残留濃度の経時的変化は、同一個体

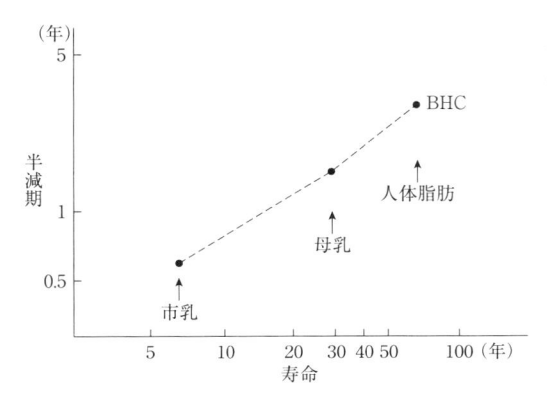

図Ⅱ-2
市乳(乳牛)、母乳(妊婦)、人体脂肪(ヒト)個体群における塩素系農薬(BHC)の半減期と平均寿命の関係（桐谷 1974）

のものではなく、ある個体群からのサンプリングによっている。もしこれらの化合物が高い急性毒性をもっていたら、それを致死量以上に取りこんだ個体は死亡して個体群から脱落する。したがって致死量を上回る蓄積は期待されない。BHCやDDT使用禁止後に生まれた新生児はほとんど汚染にさらされていないので、この物質の個体群での残留濃度は急速に減少する。

牛乳と母乳を比較した場合（図Ⅱ-2）、有機塩素系農薬の使用禁止後、牛乳中の残留濃度は急速に減少しているが、母乳中の減少は鈍い。牛もヒトも生体内での残留性については大きな違いがないと考えられる。両者の違いは寿命である。乳牛は普通満2年目から搾乳し、4～5年の搾乳期間ののち屠畜されるため、約7年の平均寿命である。これに対し母乳は30年（妊婦の平均最終年齢を30歳とみて）である。この場合、急性毒性死に代わって屠畜がかかわったのである。牛乳中の急速な残留値の減少は、みかけの減少率ともいえる。母乳と人体脂肪の比較では、寿命の長い後者での残留期間の方がはるかに長い。

1974年当時はまだ十分検証できるだけのデータが得られなかったが、ごく予備的なシミュレーションでは、寿命（死亡率の逆数）の対数と個体群中のBHCの半減期（対数）とは比例することがわかった。このことから、2000年になっても人体内のBHCが1ppbにまで減少するかどうかは疑問であると私は結論した（桐谷 1974）。生態系では食物連鎖の上位の動物ほど平均寿命は長くなり、その結果個体群レベルの残留率が高くなる。ヒトはまさにこの位置にいるのである。

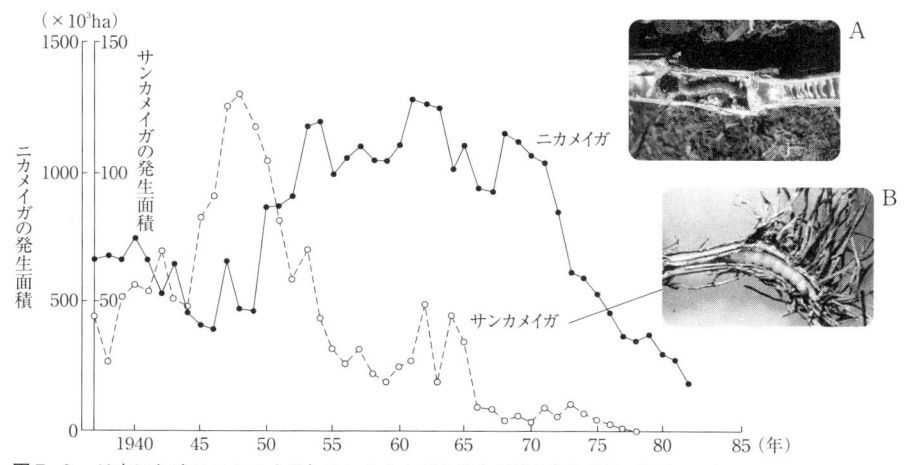

図Ⅱ-3 日本におけるニカメイガとサンカメイガの発生面積の年次変動（桐谷 1986）
ニカメイガはサンカメイガの10分の1の縮尺で描いた。1945〜1955年代はサンカメイガが減少しているのに対し、ニカメイガは増加している
A：稲茎中のニカメイガ。越冬は西日本では刈り取った稲茎内、東日本では刈り株内で越冬するものが多い
B：サンカメイガの越冬幼虫。株元の地下部分に潜入する。切株掘り取りと焼却は農薬以前の重要な防除法のひとつであった

BHCの使用禁止──IPMへの第一歩

サンカメイガの衰退

　わが国には、稲茎の内部を加害する、いわゆるズイムシといわれるものには2種類いる。ともに熱帯アジアの原産で、本州の北端まで分布するニカメイガと、和歌山南部と淡路島までを北限とする西南暖地に発生するサンカメイガである。BHCはニカメイガやサンカメイガには非常に高い防除効果を発揮した。

　サンカメイガは50年以上前の西日本ではニカメイガをしのぐ害虫で、13万haに発生していた。サンカメイガの幼虫は稲しか食べない単食性で、幼虫が稲穂の根元を食いちぎるため、大発生すると収穫間際の田んぼが白穂で真っ白になる。日本では普通3回発生するのでこの名がつけられている。戦前は田植えを7月頃まで遅らす（晩化栽培）ことによって、春に発生したガの稲への産卵を回避して防除していた。これを

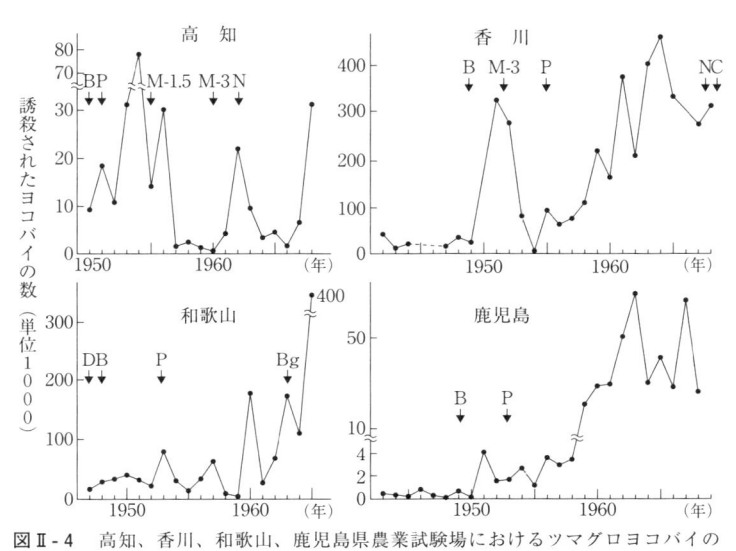

図Ⅱ-4 高知、香川、和歌山、鹿児島県農業試験場におけるツマグロヨコバイの誘殺数の年次変化とBHCの導入(桐谷ら 1978)
B：BHC、P：パラチオン、M-1.5：マラソン1.5％、M-3：マラソン3％、Bg：BHC粒剤、N：NAC、C：CPMC、D：DDT
BHCの導入後、各地でツマグロヨコバイが増加している。その増加も特効薬マラソン（M）の導入で止まるが、やがて抵抗性の発達でまたもとの傾向にもどる

地域でまとまって一斉に実施すると、1～2年でほとんど完全に防除できる。

戦後は行政の統制力がなくなったうえ、稲の早植えも加わり作期が乱れ、サンカメイガの激増を招いた（**図Ⅱ-3**）。移植期の変更に代わって有力な防除手段となったのがBHCである。水田で全生活環を送るサンカメイガには、BHCの残効効果も高く、1955年には西日本の太平洋沿岸一帯から姿を消した。佐賀県では、1952年の大規模なBHC防除以来急速に発生量は減少し、翌年には被害はほとんどゼロとなり、それ以後もその状況は変わらなかった。現在は日本本土では絶滅に近い状況で、被害の報告も発生の確認もない。農薬が害虫を絶滅に近い状態にした数少ない例である。

BHCはニカメイガの被害防止にも有効であった。しかしその発生密度を抑える働きがなかったことは、サンカメイガの減少に並行してニカメイガが減少しなかったことからも推察できる（**図Ⅱ-3**）。

ツマグロヨコバイの異常発生

BHCが使用されはじめた1950年頃からツマグロヨコバイが日本各地で急速に増えだした（図Ⅱ-4）。稲の二期作をしていた高知県の香長平野では、マラソン抵抗性が日本で初めてツマグロヨコバイで報告され、その防除に頭を痛めていた。農水省は「ウンカ・ヨコバイ類の薬剤抵抗性の発現機構の解明」という課題で新たに指定試験を設立し、私は1966〜1979年の14年間高知県農林技術研究所でその研究に従事した。

私は、農薬を無制限に使えば抵抗性が発達してくるのは当たり前で、農水省の指示どおり抵抗性の発現機構を解明しても、新農薬の開発の後追いをするだけだと考えた。むしろ、どうしたら抵抗性の発達を抑えられるかを研究の目標にするべきだと思った。そのためには農薬一辺倒から脱却して、天敵などの自然の制御要因も利用し、農薬も天敵などに影響の少ない選択性農薬を必要最小限に使う、いわゆる総合的害虫管理（IPM）をめざすべきだと考えた。

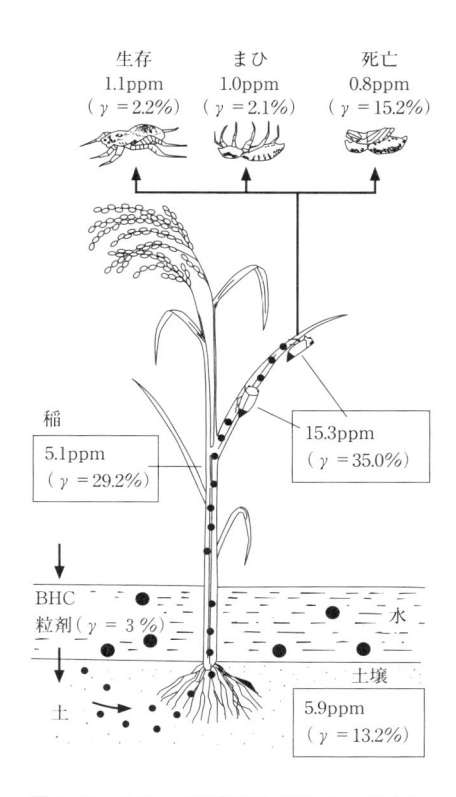

（図中ラベル）
生存 1.1ppm（γ=2.2%）
まひ 1.0ppm（γ=2.1%）
死亡 0.8ppm（γ=15.2%）
稲 5.1ppm（γ=29.2%）
15.3ppm（γ=35.0%）
BHC粒剤（γ=3%）
水
土壌
土
5.9ppm（γ=13.2%）

図Ⅱ-5　6%γBHC粒剤を施用（10a当たり3kg）して3日後の土壌、稲体、稲を2日間吸わせたツマグロヨコバイとそれを捕食したコモリグモ体内の、全BHCの濃度とγ-BHCの割合（桐谷・中筋 1977）

ニカメイガの防除に大量に使われたBHCが、ウンカ・ヨコバイ類の天敵であるクモ類に大きな影響を与えることはすでに知られていた。BHC粉剤や水和剤に代わって1960年頃に出た粒剤は、化学肥料なみに手撒きできるので人手の足りない農村で急速に拡がった。BHC粒剤を水面施用することで、溶けた薬剤が稲に吸収され、茎の内部にいるニカメイガを選択的に殺すので、もはやクモなどへの悪影響はないといわれていた。しかし慣行薬量（6%γ-BHC粒剤3kg/10a）を施用した場合でも、その稲を吸汁したツマグロヨコバイを、キクヅキコモリグモに与えるとクモは中毒死する。施用後3週間経過しても、稲には

葬られたBHC

ただの虫と抵抗性

　1966年4月、私は和歌山県農業試験場朝来試験地から新たな任地、高知県に赴任した。前任地はそれとともに閉鎖された。高知県への赴任は、法橋信彦（元九州農業試験場地域基盤研究部長）、大学院学生だった中筋房夫（現岡山大教授）の2名も一緒だった。

　「一すくい一升」とは当地の害虫担当者から聞かされた言葉である。田んぼで捕虫網を一すくいするとムシが一升入るというほど高知県は害虫が多い。なにしろ米の二期作地帯で3月から11月まで稲がある土地柄で、日本の他の土地ではニカメイガもその名の通り年2回の発生だが、高知県では3回発生する。土佐人は一徹者(いこっそう)が多いから、当時は共同防除の名のもとに、散布機をもった農民の集団が一列にならんで、田んぼも畦も溝も踏み越えて農薬のじゅうたん散布を実行した。その結果、高知県のツマグロヨコバイは、防除薬剤のマラソン（有機リン剤）に抵抗性を発達させた。日本では稲の害虫の抵抗性発達事例としては2番目のものであった。マラソンとはまったく異なった系統の化合物、カーバメート系の殺虫剤にもすでに2、3の県で猛烈に強い抵抗性の集団が現われ、関係者は頭を抱えていた。農薬と害虫のいたちごっこが始まったのである（図Ⅱ-4参照）。

　実は皮肉としか言いようのないことであるが、農薬が教えてくれたのは、それまで害虫とされていたものは氷山の一角で、多数の潜在的な害虫予備軍がいるということであった。これらが害虫になることもなく、「ただの虫」として農地に生息していた秘密は、これらに勝るとも劣らない多数の天敵が抑止力として働いていたからである。ツマグロヨコバイも戦前までは「ただの虫」にすぎなかった。この虫が増加しだした時期は、ニカメイガの防除にBHCが使用されはじめた1950年頃である。本文（表Ⅱ-6参照）でも述べたように、ヨコバイの天敵のクモ類はBHCに非常に弱い。ニカメイガの農薬防除に熱心になればなるほど、水田のクモは減り、ヨコバイの誘導異常発生が起こる。その結果、ヨコバイだけでなく、この虫が媒介する稲のウイルス病も流行する。

異臭米対策

　当時の高知県は新農薬の試験場であった。稲の二期作は抵抗性の害虫に有効な新薬の選抜野外試験に、年度早々の試験や駆けこみ試験にも有利である。したがって日本の新農薬の流行最先端に立っていた。赴任して驚いたのは、抵抗性害虫

の存在は防除に熱心な証拠だと、当時の責任者が胸を張っていたことである。私たちは、殺虫剤に関しては180度発想を変えて、流行遅れの農薬行政をとることにした（「減農薬の提案と実証試験」の項参照）。

これと前後して1966〜1967年頃、高知県を含め全国各地で異臭米が発生した。これには農薬もからんでいるようであった。異臭米対策は官能試験で臭いの残らない農薬を選び、それを奨励農薬とした。高知県も対症療法としては同じことをした。臭覚、味覚は若い女性がもっとも的確だということで、その試験には高知県でも女子大生が活用された。

農薬残留は収穫期に近い時期に撒けば撒くほど多くなるのだから、技術的には困難な点もあるが、異臭の残るおそれのある農薬は苗代期だけ、おそれのないものも本田では出穂期までにとどめるという方針を決め、1967年から実施した。

「売らない、買わない、使わない」運動

翌年10月には、昭和44（1969）年度から水稲だけでなく、すべての県内の作物でBHCなどの塩素系殺虫剤の使用を止めることを決めた。その理由は、BHCの使用は天敵相の破壊によって、農薬と害虫の悪循環を深刻化するおそれがあること、われわれが世界で初めて示した食物連鎖によるクモの中毒死のように（図Ⅱ-5）、食品中の残留毒性が近い将来問題になるという認識にもとづいたものであった。この禁止は法的根拠があるわけでなく、メーカー、農薬業者、農協などの自主的な協力なしには成功するものではなかった。

当時、キュウリやピーマンなど園芸作物は、タバコの後作として作られていた。タバコにはディルドリンが多量に使われていたため、これが後作の園芸作物によって吸収・残留することをおそれた。しかしタバコの栽培方式は当時の専売公社の専決事項で、われわれの要請は実効を上げるにはいたらなかった。

牛乳にBHC

こうして曲がりなりにも出発した自主規制のおかげで、県内のBHC使用量は前年（1968年）の3分の1程度にまで減った。その年の暮れ、われわれとはまったく独立にBHCなどの食品残留を調べていた県の衛生研究所の研究陣によって、牛乳中にかなりのBHCが残留していることが報告され、一挙に社会問題に発展した。初めは検定法が公認されたものでないとか、精度がどうとか、中央の権威筋のネガティブな談話が出ていたが、やがてそれも当時としては最高の技術水準で行なわれていることがわかるにつれ、その波紋はますます広がり、ついには人体中の残留や母乳の汚染とその問題の根深さが浮き彫りにされていった。

BHCに続いて、ディルドリンが施設栽培のキュウリからも検出された。県民の一部からは「県の役所が県民のためにならんことをするのはけしからん」「厳しい産地間競争に勝っていくのに、高知だけ取り締まるのはばかげている」、はては「夜にでも会ったら頭突いてやる」という物騒な声まで上がった。しかし食品や母乳のBHC汚染は、県の自主規制の追い風になり、2年目には専売公社の協力も得られ、「売らない、買わない、使わない」の合言葉のもとに塩素系殺虫剤は県下から完全に追放された（桐谷 1972 図書4：44-52）。

規制への抵抗

もっとも自主規制への道はそう容易なものではなかった。個人的に出席していた学会から呼び戻され、県庁での査問委員会のようなものに出頭を命じられた。詳細は忘れたが、農林省の所管課から県の植物防疫係に、逐一いろいろな指示がなされていたようで、最後は始末書を書けといわれた。私はなんらやましいこともないので、始末書は書かないが、顛末書なら書くといって、自分の主張を文書で提出した。もっとも、辞書をみると始末書も顛末書も同じ意味だとあとで気がついた。業界新聞には当時の農林省植物防疫課長が、明らかに私を名指しに近い形で非難する記事を書いていた。当時、日本のBHC生産量は世界一で、1968年には4万6000トン、減反前の水田面積300万haに最低1回半散布できる量であった。業界ではこれから飛躍的な大量生産に入ろうとしていた。BHCの規制は、高知県以外の2、3の県でも、異臭米を出すという観点から始めようとしていたが、業界はこれが異臭米の原因にはならないという試験データなどを豊富に揃えて、問題の県を説得して回った結果、他の県は翌年（1970年）からは規制を緩めるとか取りやめると回答したようであった。私たちの規制の理由は、先にも書いたようにまったく違った立場からであり、それを裏づけるデータもあり、1970年には自主規制を徹底的にやる方針だということで物別れに終わった。これが正しかったことは、その年の12月にBHCの牛乳汚染によって裏づけられた。

後日談

高知県のBHC規制は、農林省の通達により全国的にその使用が禁止された1971年に先立つこと2年である。規制前の1968年度の玄米中のBHC濃度は0.18ppm、1969年度は0.13ppmで、規制初年度の効果はまだ十分でなかった。1970年には1桁下がって0.034ppmと規制前の5分の1になった。全国15カ所から集めた自然農法米では、0.028ppmで、高知県の米は自然農法米

> と変わらなかった。
>   BHCに代わって天敵に影響の少ない殺虫剤の使用も高知県では現実のものとなり、農薬の散布回数もそれまでの半分に減らすばかりか、使用濃度も2分の1、あわせて従来の4分の1にして、収量が低下しない防除も可能だということが、BHC規制以来の3カ年の実地検討で明らかになった。1971年の全国規制では、各県ともこれらの残留性農薬の処理に困り土に埋めたりしたのだが、それは現在でも土壌汚染の原因となり問題を引きずっている。この時、高知県には塩素系農薬はほとんど存在しなかったため対岸の火事を眺める結果となった。現在確認されている埋没量は全国で3680トンに達する（植防コメント2003　No.190）。

ヨコバイを通じてクモを殺すだけのBHCが残っていた。しかしBHCに強いヨコバイは、この稲を吸汁しても外見上なんの異常もみられない（図Ⅱ-5）。BHCこそが諸悪の根源であった。1969年、高知県ではBHCなどの塩素系殺虫剤の使用禁止に踏みきった（国全体では1971年）。また、これが具体的な水田でのIPMへの第一歩となった。

農薬の負の遺産(1)

　農薬が害虫防除において果たす効果は大きい。また安定した収量を確保するうえで大きな役割を果たしてきた。しかし、農薬の過剰な使用がもたらした負の影響も無視できない。合成農薬がもたらした問題として3つのR、すなわち抵抗性の出現（Resistance）、潜在的害虫の害虫化すなわち誘導異常発生（Resurgence）そして環境残留（Residue）がある。文部科学省科学技術政策研究所は、専門家を対象に2000年に技術予測調査を実施している。これによると2015年には「生物学的な方法（天敵微生物、フェロモン、アレロパシーなどの利用）を主とした作物保護の技術体系により、化学合成農薬の利用が半減する」と予測されている。

抵抗性のメカニズム

　専制君主時代の王は毒殺のリスクを逃れるため、日頃から毒物を少量ずつ服用して毒物に対する耐性を高めて暗殺に備えたという。現代では宴席の場数を踏むことで酒量が上がるという話と似ている。同一人が訓練で強くなるのであるから、その程度は知れている。せいぜい数倍であろうか。しかしここで扱う農薬抵抗性は、時には1万

表Ⅱ-4　イエバエの野外個体群がDDT抵抗性を獲得する時間経過
(Metcalf 1955)

年	イリノイ	南カリフォルニア
1945	1	—
46	1	—
47	2	—
48	26	96
49	15	436
50	30	1290
51	138	1800

抵抗性の発達の初期はスピードが遅いが、後期には急速に高まる。
室内で1世代飼育したのち局所施用法でLD_{50}マイクログラム／体重グラムで示した
LD_{50}：供試虫の50％が死ぬ薬量

倍にも農薬耐性が強くなることもあり（Sota *et al*. 1998）、これには遺伝的な素因が関与している。農薬散布下で生き残ったものが子孫を残し、また次の農薬散布で子孫中の耐性の強い個体が生き残り、その子孫がまた淘汰を受ける。この過程を何回も繰り返すと、生き残った害虫個体群の大部分は抵抗性遺伝子をもった個体となる。こうして感受性個体の脱落死によって、抵抗性遺伝子の蓄積濃縮が個体群内で進められていく。

　抵抗性は、「ある農薬の使用開始後、その効果の減退のために実用上防除が困難になるとき」をもって発達したといえる。WHOによれば「昆虫の正常な集団の大多数を殺す薬量に対して耐える能力がその系統に発達したこと」と定義されている。その発達の過程を古典的なイエバエを例に示した（表Ⅱ-4）。しかし科学的な操作概念としてはいささか曖昧である。集団遺伝学的には、抵抗性遺伝子が単一の場合、その頻度が50％に達した時点（GF_{50}）、またその発達の速度はそれまでに要した世代数と定義できる。

　抵抗性の発達は3段階に分けられる（Comins 1977）。第1段階では突然変異と自然淘汰の結果として、抵抗性遺伝子は低頻度（0.01〜0.001）で平衡状態を保っている。第2段階は、農薬の淘汰によって抵抗性遺伝子が急速に個体群内に拡散し、頻度の上昇が起こる段階で、この時期には抵抗性遺伝子は主としてヘテロの状態で存在するため、防除効果の減退がみられないことが多い。GF_{50}もこの段階で到達する。第3段階で初めて抵抗性が発見され、防除効果の減退がみられ、薬量の増加、ついには他の薬剤への切り替えにいたる。

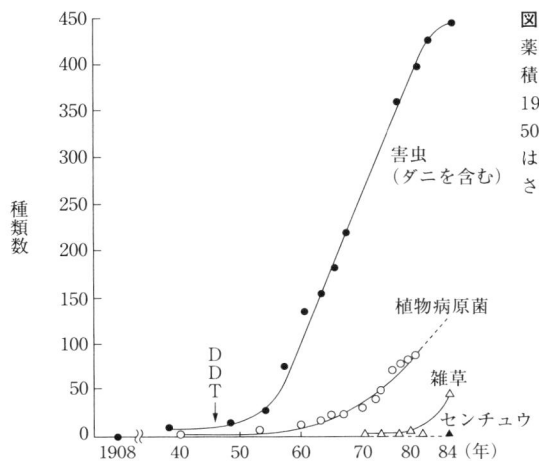

図Ⅱ-6
薬剤抵抗性が顕在化した種類数の推移（累積、世界）（Georghiou 1986）（浜 1992）
1990年前後の時点では、殺虫剤に対し504種、殺菌剤では150種以上、除草剤では273種以上の対象生物で抵抗性が報告されている

抵抗性の予知は可能か

　農薬抵抗性に関しては、1990年前後には世界で、殺虫剤では少なくとも504種の害虫（Georghiou 1994）、殺菌剤では150種以上（Eckert 1988）、除草剤では273種以上の雑草で報告されている（LeBaron & McFarland 1990）（図Ⅱ-6）。日本では衛生害虫のコロモジラミのDDT抵抗性が最初で、1950年初めである。1950年代にはイエバエでDDT、BHCなどに対する抵抗性が問題になっている。農業害虫では1958年にミカンハダニのシュラーダン抵抗性が確認され、現在約50種が抵抗性を獲得している（浜 1996）。ちなみに植物病原菌では約84種（日本植物病理学会 1998）、雑草では16種が報告されている（Itoh 2000）。

　農薬として合成化合物が登録されるのは、約3万の化合物からひとつの化合物が選ばれる確率といわれており、そのために約10年の歳月と50億円以上の経費を費やしている。こうして選ばれた農薬が、開発費も回収できないうちに、3～4年で抵抗性発達のために使えなくなることは、農薬の価格上昇をもたらすばかりか、開発した会社にとっても大きな経済的損失になる。

　抵抗性発達を支配する要因は、大きく分けて遺伝的要因、生物的要因、そして防除的要因に分けられる（表Ⅱ-5）。抵抗性遺伝子の頻度、この抵抗性にいくつの遺伝子がかかわっているか、またその優性度、適応度が感受性個体にくらべて高いか低いかが抵抗性の発達速度を支配する。生物的要因としては増殖力（年間世代数、発育日数、

表Ⅱ-5 抵抗性発達に影響を及ぼす要因 (Georghiou & Taylor 1977)

遺伝的要因	生物的要因	防除的要因

1. 抵抗性遺伝子の頻度
2. 抵抗性に関与する遺伝子の数
3. 抵抗性遺伝子の優性度
4. 抵抗性遺伝子の浸透度、表現度、相互作用
5. 過去に使用した薬剤
6. 抵抗性ゲノムの適応度
	A. 増殖
	  1. 発生回数／年
	  2. 世代当たりの産子数
	  3. 単交尾／重交尾、単為生殖
	B. 行動
	  1. 隔離、移動性、分散
	  2. 食性（多食性による淘汰回避）
	  3. 偶発的な生存（隠れ場所の存在）
		A. 薬剤
		  1. 薬剤の化学的性質
		  2. 過去に使用した薬剤との関係
		  3. 残留性、剤型
		B. 施用法
		  1. 要防除密度
		  2. 淘汰圧
		  3. 淘汰時の発育段階
		  4. 処理法
		  5. 処理面積
		  6. 処理頻度

産卵数など）と移動性である。増殖力が大きいほど、また移動性が少ないほど抵抗性の発達速度は大きい。防除的要因は農薬の種類によって、抵抗性の発達の難易が違う。また淘汰圧（殺虫率）が大きいほど発達が早い。

抵抗性の発達のメカニズムを数理モデルでシミュレーションすることは、表Ⅱ-5の各種の要因に仮定の数値を使用することによって、調べることができる。また室内で飼育個体群を対象に淘汰実験によって抵抗性の発達を調べることもできる。それにもかかわらず、その予知は野外個体群ではほとんど成功していない。それを阻んでいるのは、(1)事前に抵抗性遺伝子の初期頻度、数、優性度、適応度などの情報が得がたいこと、(2)抵抗性遺伝子の初期頻度が小さいために起こる遺伝的浮動が予測を狂わすこと、(3)実験室個体群の遺伝的組成の偏りからくる自然条件からの隔たり、(4)集団遺伝学からみた抵抗性、GF_{50}の時期と防除上の抵抗性出現期とのずれなどがあげられる。

とくに(4)は深刻な問題である。抵抗性の検定は、野外の個体群を異なる濃度の農薬で処理して、農薬の濃度（量）と死亡率から50％致死薬量（LD_{50}）を求め、この値と感受性個体群で得られたLD_{50}の値を比較して抵抗性の発達程度を調べる（バイオアッセイという）。その結果抵抗性が確認できた段階では、初期頻度が10^{-2}ないし10^{-6}の抵抗性遺伝子がすでに10^{-1}ないしは$10^{-1/2}$の高頻度になっていて手遅れの状態である。

最近では、殺虫剤の昆虫体内での作用点の遺伝子解析により、それらに生じた構造変異により同系のほとんどの化合物が効力を失うことが、いろいろな害虫を使った研究でわかってきた。このような知識を使って、バイオアッセイに頼っていた自然集団における抵抗性発達の監視を、より簡単で鋭敏な個体単位のジェノタイピング法に置

きかえることができれば、(4)の時間的ずれは、労力はともかく、かなり解消されるだろう。

問題の解決

　抵抗性問題は個々の農家では解決できない側面をもっている。農薬の散布は個々の圃場の問題であるが、抵抗性の発達を阻止するあるいは遅らす、いわゆる「農薬抵抗性管理」は地域における長期的な取り組みになる。第Ⅰ章でも述べたように抵抗性に関しては、現在の技術では発達の予知も阻止も望めそうにない。これを解決できるのは被害許容水準の導入などによる減農薬である。防除の観点からすれば、たとえ個体群内の抵抗性遺伝子頻度が100％に達していても、その害虫の密度が被害許容水準以下であれば実害はない。逆に密度が異常に高くなる状況下では、農薬散布による淘汰効率が上がり抵抗性の発達は加速される。感受性遺伝子は一種の有限の資源とみなすことができる。その浪費は高い代償なしには償えない。このようにIPMによる害虫個体群密度の制御は、抵抗性問題解決のための最良の近道である。

農薬の負の遺産(2)

害虫の誘導異常発生

　「緑の革命」が派生的にもたらした大事件としては、アジアでの誘導異常発生によるトビイロウンカの大発生である（第Ⅰ章「ウンカ、ヨコバイの誘導異常発生」参照）。ここではその機構も含め少し詳しくみてみる。

　この現象は初期にはパラチオン、DDT、BHCの散布にともなって起こり、その機構としてRipperは、(1)殺虫剤による有力な天敵相の破壊、(2)殺虫剤の害虫に対する直接、または寄主植物を通じての好適な影響、(3)殺虫剤による有力な競争種の排除をあげている。3番目の仮説は、当時も今もこの事例はあまりない。サンカメイガの減少とニカメイガの増加は(3)の機構が働いた可能性があるが、これを証明する研究はない（図Ⅱ-3参照）。(2)はそれまであまり考えられていなかった仮説である。その後の研究によって、殺虫剤は2つの生理的機構で害虫の増殖に好適な影響を与えることが明らかにされた。そのひとつは、有機リン剤の散布が、作物体内の炭素、窒素比を害虫に好ましい方向に変化させる結果、栄養が好転する場合。他の場合は、ある種の殺虫剤は亜致死濃度で虫体に付着したとき、昆虫の増殖率を高める働きをする。ミカンハダニ、ツガコノハカイガラムシについては作物栄養の好転の事例が、トビイロウン

表Ⅱ-6　4種の殺虫剤の選択毒性の比較
　　　　害虫以上に天敵に効く農薬が多い（川原・桐谷・笹波1971）

		ツマグロヨコバイ	キクヅキコモリグモ	セスジアカムネグモ	ニカメイガ
フェニトロチオン	局所[1]	6158μg	1226μg	—	3μg
（有機リン）	浸漬[2]	6323ppm	1782ppm	3606ppm	—
ダイアジノン	局所	11μg	17μg	—	4μg
（有機リン）	浸漬	618ppm	198ppm	3220ppm	—
BPMC［バッサ］	局所	19μg	15μg	—	—
（カーバメート剤）	浸漬	176ppm	253ppm	4345ppm	—
γ-BHC	局所	85μg	0.8μg	—	19μg
（有機塩素）	浸漬	228ppm	6ppm	14ppm	—

1) 局所施用法による中央致死薬量（LD$_{50}$）μg/g（Takahashi & Kiritani 1973）
2) 浸漬法による中央致死濃度（LC$_{50}$）ppm、ツマグロヨコバイは6時間後、クモ類は24時間後の死虫率を基準にした

カ、コナガ、ナミハダニなどでは後者のホルモン的作用の事例が報告されている（中筋 1997）。しかし実際に圃場でみられる、誘導異常発生現象は(1)の生態的誘導異常発生がもっとも多く、(2)の機構によって異常発生が促進・強化されることはあっても、(1)にとって代わることは少ないと考えられる。以下に、水稲害虫を例にとってこの現象を眺めてみよう。

ニカメイガ

　(1)と(2)がかかわったと思われる事例が、1953年10月に岡山県福田村でみられた。当時、岡山県農業試験場にいた故白神虎雄によれば（桐谷への私信）、パラチオン粉剤によるニカメイガの防除試験を約8haで実施したとき、無処理区にくらべ散布区の被害が50％も増加し、個体数を推定したところ無処理区の幼虫数8万頭/10aに対し、散布区では14万頭にも増えていた。散布作業のとき、立ち止まって余分に粉剤がかかったところの被害はひどいのに対し、散粉器が故障して粉剤が行き渡らなかったところは被害が出なかったという。散布区の稲は濃い緑色になり、ニカメイガの集中産卵をもたらしたと考えられた。

　農薬散布は2化期のニカメイガ発蛾最盛期の1週間前に行なわれた。ニカメイガの卵期間は約5日、パラチオンの残効期間は約1週間である。このことからニカメイガ発蛾最盛期には稲体に付着した粉剤の薬効は切れていた。他方で散布によって葉色の濃くなった稲への集中産卵を招くとともに、パラチオンで天敵類が少なくなった状況で幼虫の生存率が改善されたものと考えられる。

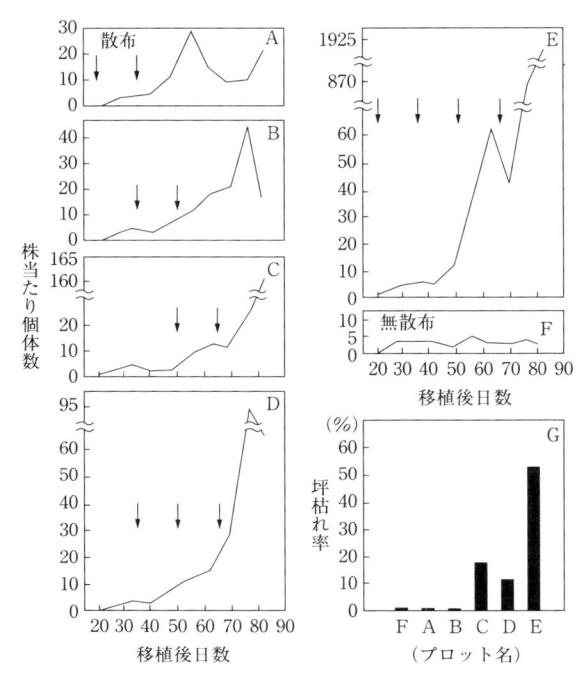

図Ⅱ-7
デルタメスリンの散布区と無散布区でのトビイロウンカ個体数（A〜F）と坪枯れ被害（G）の比較（Heinrichs *et al.* 1982）
IR22品種で1978年雨期に行なった実験
矢印は殺虫剤散布を示す。無散布区ではウンカは低密度で推移している。移植50日後以降の散布は坪枯れ被害を起こしている

ウンカ・ヨコバイ

　徳島県内では1957年のニカメイガ第1世代幼虫の防除に、パラチオン乳剤、同粉剤、BHC3％粉剤を散布して、クモ類の密度を調べ無防除田と比較した。クモ類の密度はそれぞれの処理区で、無防除田の60％、30％、6％に減少し、回復するのに後者2区では50日以上を要した。散布38日後のウンカ・ヨコバイの密度と、この間の3回の調査でのクモ類の個体数とは、$r = -0.78$の相関がみられた（小林ら 1978）。農林省が1958年に全国の農業試験場を対象にアンケート調査を行なったところ、回答174例中60％以上でウンカ・ヨコバイの密度増加が農薬散布によってみられた。

　私たちは、各種の農薬を使って害虫と天敵に対する致死薬量を比較した。表Ⅱ-6に代表的な殺虫剤のツマグロヨコバイ、ニカメイガならびに2種のクモ類に対する毒性を示した。薬液を溶かした水溶液に虫体をつける浸漬法と少量の薬液を虫体につける局所施用法とでは、4種の致死薬量の関係はやや異なるが、γ-BHCではニカメイガを殺す濃度ではヨコバイは生き残るがクモ類は死滅する。フェニトロチオンはニカメイガを殺す濃度では、ヨコバイもクモ類も生き残る。ダイアジノンは両者の中間であ

表Ⅱ-7　トビイロウンカの3種の捕食性天敵に対する接触毒性（48時間後の死亡率）(Heinrichs *et al.* 1984)

殺虫剤	キクヅキコモリグモ	カタビロアメンボの1種	カタグロミドリカスミカメ
カーボサルファン	97	83	100
カーボフラン	90	50	100
アジノフォス・エチル	63	33	100
BHC	57	68	43
デルタメスリン	37	95	65
MIPC	7	45	98
カーバリル	13	65	43
エチラン	3	23	50
メチル・パラチオン	3	55	95
ダイアジノン	3	70	85
アセフェート	3	23	100
ブプロフェジン	0	23	15
無処理	0	5	3

註　デルタメスリンは0.0013%、それ以外はすべて0.075%の濃度の溶液を成虫を対象にポッター散布塔で施用した（IRRI 1980）
ブプロフェジンは天敵に影響の少ない殺虫剤としてウンカの防除剤としてアジア各国で広く利用されている

る。BPMCは浸漬法ではヨコバイを殺す濃度でも、クモ類が生き残る唯一の殺虫剤である。

トビイロウンカ

　1972年、IRRI（国際稲研究所）の圃場でトビイロウンカが異常発生した。異常発生をもたらす殺虫剤は、有機リン剤とピレスロイド剤に多く、カーバメート剤では少なかった。デルタメスリン（ピレスロイド剤）、メチル・パラチオン、ダイアジノン（ともに有機リン剤）によるトビイロウンカの異常発生は、トビイロウンカ感受性稲品種に茎葉散布すると確実に起こる（**図Ⅱ-7**）。殺虫剤の種類だけでなく、剤型、濃度、散布時期、散布回数などによっても異常の出方が違う。茎葉散布を本田後期に回数を多くするほど異常発生が起きやすく、またその程度は感受性品種ほど大きい。異常発生の原因については捕食性天敵の減少よりも、致死量以下の薬剤刺激による産卵数の増加、稲の栄養条件の改善による増殖率の増加が大きな原因という（Heinrichs *et al.* 1982）。

　続いて彼らは、日本で開発されたキチン合成阻害剤ブプロフェジンが天敵に非常に安全な選択性殺虫剤であることを見出し、IPMに組みこめる薬剤として推奨している（**表Ⅱ-7**）。中国では、従来6〜12回の薬剤散布でも防除できなかったトビイロウンカも、ブプロフェジンのわずか1回の施用で本種の大発生も抑えられつつある。殺虫剤

学術用語の翻訳

1　「桐谷圭治様：用語について、リサージェンスを誘導異常発生とされていますが、私は、以前から（農薬による害虫の）誘導多発生の語を使っており、用語として定着しつつあります。以前、山本出さんが、誘導激発を提案されたことがありましたが、誰も使っていません。異常発生も激発も少し主観が入りすぎるように思います。本来潜在害虫の復活とか害虫化という意味合いの言葉ですし、科学用語として、できるだけニュートラルなものが良いと思うのですがいかがですか」

という指摘を、本書の原稿査読をお願いした中筋房夫氏からいただいた。そこで以下のような返事をした。

「誘導異常発生は僕が用語集の委員をしたときに初めて考えた訳語です。多発生、大発生は自然発生の流れの言葉です。異常としたのは人為が加わったものという中立的でない意味からこの訳を採用しました。用語集（2000年、第3版）には、誘導多発生という語も併記されています。異常発生は必ずしも多発生をともなうともかぎりません。したがって、多発生が悪いとは思いませんが、僕には未だこだわりがあります」

この訳語でいちばん苦労したのは、誘導という元の英語には含まれていない語意を入れたことである。リサージェンス（Resurgence）とは「復活」という意味で、これが応用昆虫学分野で認知されたのは、1956年に創刊された昆虫学年鑑にRipper（1956）が書いた総説によることは先に述べた（第Ⅰ章18頁）。今では「リサージェンス」が日本でもそのまま使われるほどおなじみの言葉になった。約20年前に応用動物昆虫学会で用語集を初めて作ったとき、これに「誘導異常発生」の日本語を当てた。誘導としたのは農薬がその誘因であり、たとえそれが大発生であっても、基本的には異常発生であるからである。

2　「侵略的外来種」は、invasive alien speciesの和訳である。Invasive pest とか、Invasive insectという場合は侵入害虫とか侵入昆虫、alien speciesの場合も外来種、侵入種でもなんとか格好がつく。ちょうど、『外来種ハンドブック』（地人書館 2002）の編集が行なわれているときであったが、invasive alien speciesは侵入外来種と訳されていた。これを順序を変えて外来侵入種としてみても、同じことを2回繰り返しているだけの言葉であった。私

は昆虫関係の編集責任者だったので、「侵略的外来種」とする旨を申し入れたら、監修者が採用することを決め、同時並行的に進めていた環境省の公式文書のこれに当たる部分はすべて「侵略的外来種」に書き換えられ、現在、ほぼ定着するにいたっている。

3 「ただの虫」に当たる英語は？

ただの虫の英語訳には私もずいぶん悩んだ。そもそも「ただの虫」という発想は関西の言葉にあるような気がする。「ただ」は関西の人間にはそれほど特別な言葉ではない。私がこの言葉を使ったのは、1973年に発行されたインセクタリウム（10巻、218頁）の巻頭言「人と害虫の共存」で「害虫も少なくなれば、天敵保護のための益虫になります。要するに、害虫をただの昆虫にすること、これが……共存の唯一の道ではないでしょうか」としたのが印刷物としての初めての登場だと思う。

その英訳だが、「害虫管理とは害虫をただの虫にすること」という立場では、密度が高いうちは害虫で、低くなるともはや害虫ではないという語意になり、"minorまたはnon-target"とも考えられる。密度を考えない概念で、害虫、益虫、ただの虫というカテゴリーでは、ただの虫は"neutral insect"となるように思う。私はKiritani, K. (2000) "Integrated biodiversity management in paddy fields : Shift of paradigm from IPM toward IBM" Integrated Pest Management Reviews 5 : 175-183. ではただの虫をneutral insectとし、サンカメイガなどの害虫から絶滅危惧種になったもの、すなわち密度が入ってきたときはminor insectとして扱った。ユスリカやゲンジボタルなどは密度の多少にかかわらずneutralかつminor insectと考えた。「ただの虫」も学術的に英訳する場合は面倒なところがある。読者のお知恵を拝借したい。

表Ⅱ-8　殺虫剤（BPMC）の選択毒性の種間比較
　　　　感受性の種間差は1000倍にも及ぶ（Tanaka *et al.* 2000、多田 1998、昆野 2001）

もっとも感受性の高い種　（LC$_{50}$＝10ppm以下）	トビイロカマバチ
感受性の高い種　　　　　（LC$_{50}$＝11～100ppm）	トビイロウンカ、カスミカメムシ、アシナガグモ、カゲロウ（4種）、トビケラ（2種）、カワゲラ
感受性の低い種　　　　　（LC$_{50}$＝100～1000ppm）	コモリグモ、ヘビトンボ
もっとも感受性の低い種　（LC$_{50}$＝5000～6000ppm）	アカムネグモ（2種）

がもたらす害虫の異常発生が、図らずも陰に隠れてみえなかった土着天敵の重要性を世間に示すことになったばかりでなく、減農薬への道を開くことになったのである。

農薬の選択的毒性

　農薬を水田で使用した場合、田面水では太陽光による農薬の光分解が大きく、土壌や稲体があると分解は促進される。多くの農薬の水中濃度は3～7日で最大濃度の半分になり、3週間ではぼ水中から消失する。しかし有機塩素系の農薬での半減期は6カ月以上になる。農薬は水田で使用した2～3カ月後に水系に流出してくる。その平均希釈率は水田水での濃度に対し、農業用水で100倍、小河川で500～600倍、大河川で1000倍程度になる。日本の農耕地土壌は有機物を多く含む「黒ぼく」のため、流亡した農薬は土壌に吸着され水中への流亡が少なくなるため、欧米のように地下水汚染は起こりにくいという（上路 1998）。

　宮城県農業センターの城所（1999）は農薬の選択性について、「幾つかの殺虫剤と除草剤を用いて、水生動物にどんな影響があるかを調べたところ、アメンボやコモリグモにきわめて効果の高い薬剤がオタマジャクシにはまったく効かず、たまたま用いたある除草剤の影響が非常に大きかった」と「意外な経験」を語っている。生物の農薬に対する感受性の種間差は専門家すらその予想を超えるものがある。農薬の非標的生物への影響は、水生生物でもっとも顕著に表われる。一般に急性毒性は殺虫剤が高く、とくにピレスロイド系がその影響が大きい（上路 1998）。ピレスロイド系は天敵のクモ類には高い毒性を示し、クモのなかでもアシナガグモにはピレスロイド系以外にも多くの薬剤が高い毒性を示した。

　日本のトンボ180種のうち80種がため池を利用し、そのうちの半数は水田（本州31種、南西諸島10種）を利用している（上田 1998）。青森県津軽平野では、1962～1964年にナツアカネ、マユタテアカネ、マイコアカネが急激に減少し、ほぼ絶滅した。減

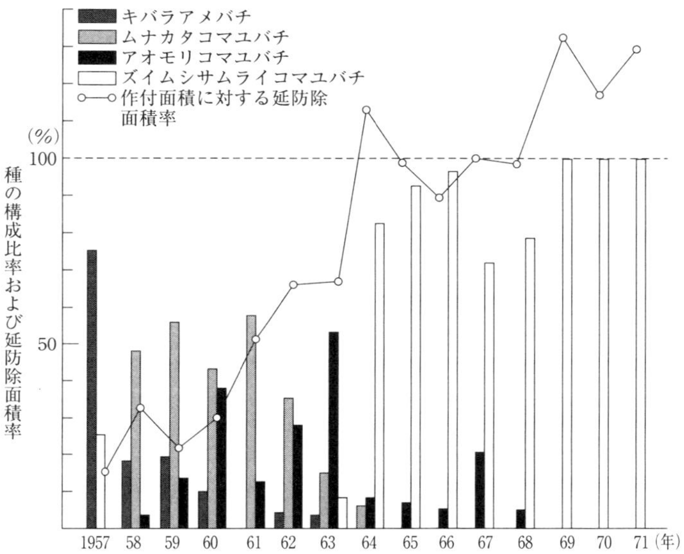

キバラアメバチ
ムナカタコマユバチ
アオモリコマユバチ
ズイムシサムライコマユバチ
作付面積に対する延防除面積率
(%)
100
50
種の構成比率および延防除面積率
1957
58
59
60
61
62
63
64
65
66
67
68
69
70
71
(年)

図Ⅱ-8　青森県における水稲害虫の化学防除とニカメイガ越冬幼虫の捕食寄生蜂相の推移（土岐ら 1974）
単独寄生性で寄主範囲のせまい種類から多化性、広食性のズイムシ（メイチュウ）サムライコマユバチにおき代わっている

少は平野部に限ってみられ、その数年前から使用されだしたパラチオン、除草剤パムがその原因とされている。ただ同じ水田に棲むモートンイトトンボ、ノシメトンボ、アキアカネはあまり減少がみられなかった。しかし、このアキアカネも間もなく水田から発生しなくなった（奈良岡 1965）。ちょうどこの時期に青森県の全水田が農薬散布されるようになったのである。ニカメイガの幼虫寄生蜂相も1964年から単純化が始まった（**図Ⅱ-8**）（土岐ら 1974）。

農薬に対する感受性の種間差の例を**表Ⅱ-8**に示した。ウンカ、ヨコバイの防除に使われるカーバメート剤のうち、選択性殺虫剤として知られているBPMC（バッサ剤）に対する各種のクモや昆虫の感受性の比較である。供試虫の50%が死亡する濃度をLC_{50}という。トビイロカマバチの5ppmからアカムネグモの6080ppmまで1000倍以上の種間差がある。水生昆虫はホタルやトンボのように年1化、肉食性のものが多く、呼吸は鰓（または腸）で行なっている。水中の溶存酸素は空気中の75分の1しかない

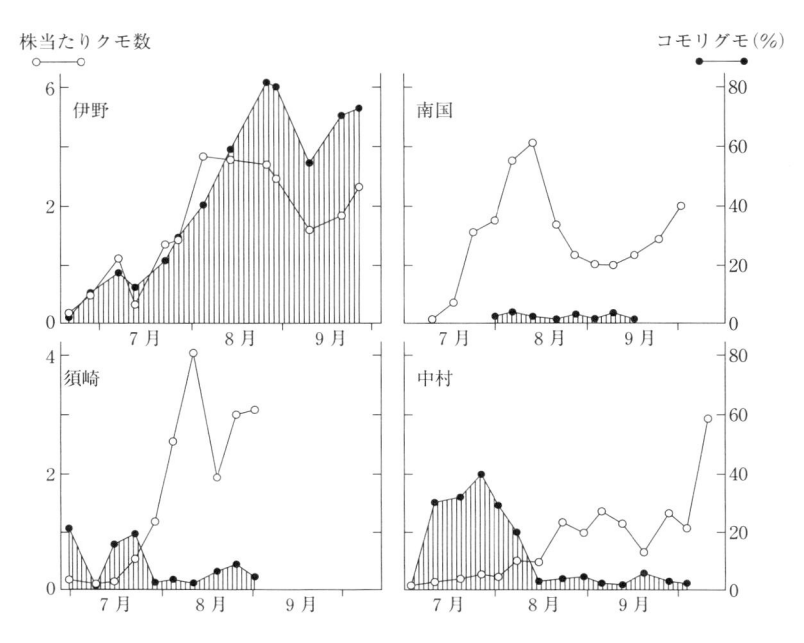

図Ⅱ-9 農薬無散布4年目（高知県伊野）と同初年度（南国、須崎、中村）における水田でのクモ類合計密度の変化とクモ相中のコモリグモ（Lycosa）類の比率の変化（桐谷 1975）

ため、必要な酸素を得るために大量の水が鰓でろ過される。したがって食物と呼吸から高度の生物濃縮が起こりやすく、それだけ残留性の高い化学物質は危険性が高い。

多田（1998）によれば、藻類を食物とするカゲロウ類はBPMCに対する感受性は比較的高く、それらの捕食者のカワゲラ類・ヘビトンボ類は感受性が低い傾向があるという。魚類（コイ、ヒメダカ、グッピー、ドジョウ）のBPMCに対するLC$_{50}$が1.6〜17mg/ℓ、同じくアメリカザリガニ1.8mg/ℓ、オオミジンコ0.32mg/ℓなどにくらべると、水生昆虫のLC$_{50}$はヘビトンボの0.16mg以上/ℓを除き、0.02〜0.124mg/ℓであり、きわめて感受性が高い。昆野（2001）は生物多様性の保全のためには除草剤の規制が必要といい、初期1発型1キロ粒剤などの除草剤では、雑草ばかりか植物性プランクトンの発生までが抑えられ、ミジンコやそれを食う水生昆虫、カエル幼生が少なくなるという。

図Ⅱ-9は、農薬に対する感受性の違いが、クモの種類相に反映している様子が示されている。無農薬水田の伊野ではクモの密度そのものも高いうえ、農薬に対する感受

表Ⅱ-9　殺虫剤がもたらす生態学的影響（Metcalf 1986）

1. 害虫個体群の抑圧
2. 抵抗性害虫の淘汰
3. 天敵相の破壊
   a) 直接的抑圧
   b) 寄主または餌動物の減少
   c) 食物の殺虫剤による汚染
4. 害虫ならびに潜在的害虫の誘導異常発生
5. 送粉昆虫相の破壊
6. 食物連鎖網の汚染
7. その他各種の毒物生態学的影響

性の高いコモリグモの占める割合が、他の3地点にくらべ格段に高い。これに対し、ウンカ・ヨコバイ防除に有機リン剤とカーバメート剤を使っていた3地点ではクモ相の優占種は農薬に感受性の低い（耐性の強い）セスジアカムネグモになっている。

天然農薬

　千葉大学の本山（1995）が、10種類の植物抽出液を組み合わせて作ったと宣伝された「夢草」という漢方農薬を分析したら、合成ピレスロイドのサイパーメスリンが混入していた。その後、殺虫活性の認められた漢方農薬にはすべて合成殺虫剤が混入されていたという。このような資材は天然物と称するために、農薬でないということになっていて、農薬登録はおろか安全使用基準もなく、生産者、消費者、環境にとってもかえって危険である。

もし農薬がなかったら

農薬の経済的評価

　農薬が食糧の増産と生産の安定に大きく寄与したことは疑いもない。生産量が病害虫によって大きく変動するようでは、肥料をはじめ必要な農業資材の投入も安心してできなくなる。マスコミがしばしば農薬問題を偏向的に取り上げ報道することから農薬関係者は神経質になり、業界紙などに一部の学者が「農薬か、さもなくば飢えか」という、いささか乱暴な恫喝にも似た論旨で農薬擁護論をぶったりして、かえって読者のひんしゅくを買うこともあった。

　農薬の与える生態学的影響は、害虫個体群密度の抑圧という効用はもちろんのこと

表Ⅱ-10　農薬が米国の環境・社会にもたらす負担
（Pimentel & Greiner 1997）

費目	百万ドル／年
ヒトの健康への影響	933
＊家畜の死亡と中毒	31
＊天敵の減少にともなう経費増	520
＊農薬抵抗性発達にともなう経費増	1400
＊ミツバチの蜂蜜生産・花粉媒介障害	320
＊薬害・残留による作物の廃棄	959
水質モニタリングの費用	27
地下水汚染	1800
水産物の損害	56
トリの被害	2100
農薬規制・安全使用運動などの費用	200
合計	8345

＊印は農家が支払う費用で計32億ドル、残りは一般社会が負担し51億ドル

であるが、同時に各種の副作用をもたらす（表Ⅱ-9）。これらの副作用がもたらす経済的損失の推定は、「水田の多面的機能」の外部経済的評価と同様さまざまな仮定が必要になり、容易にできるものではない。

　米国コーネル大学のPimentel教授は農薬の使用にともなう正負の外部経済費用を米国を例に推定している（表Ⅱ-10）。米国では600の各種農薬が年間約50万トン使用され、その費用は散布費用も入れて65億ドルに達する（世界全体では250万トン、購入価格で210億ドル）。それにもかかわらず、作物の潜在収量の37％が病害虫・雑草によって失われている（農薬の使用がすなわち被害ゼロとはならない）。もし農薬を使用しなかったら、作物全体としてはさらに10％の減収となり、農薬の使用による収益は260億ドルと見積もられる（Pimentel & Greiner 1997）ことから、農薬の費用対利益比は1：4で、農薬1ドルに対し4ドルの減収回避をもたらす。しかし米国で1945～1989年の間に農薬の使用量は10倍になったのに、害虫による被害もこの期間に7％から13％と倍増している。これは一見矛盾してみえるが、トウモロコシは他の作物と輪作するのが伝統的な栽培法だったのが作付面積の半分で連作するようになり、その結果被害が4倍に増え、そのため殺虫剤の使用が100倍にもなったからである。

　これに対し農薬を使用することによる各種の弊害は負の外部経済である。農薬が防除対象の生物にまで到達するのは、使用量の0.1％にすぎない。残りの99.9％は環境に流亡する。この流亡による人畜被害や農薬取り締まりの諸費用も含めて推定した結果、

表Ⅱ-11　農薬を使わなかった場合の米の減収率（農林省植物防疫課 1968、日本植物防疫協会 1993）

調査方法	減収率（％）		
	最高	平均	最低
試験研究機関、行政機関、病害虫防除所など508通のアンケート	52.80	29.40	17.50
植物防疫協会委託試験成績73例		28.6	
農事試験場の試験成績など25例		26.8	
岐阜、滋賀、長野における徹底防除試験13例		24.9	
日本植物防疫協会（1991年6例）	100	30	11
日本植物防疫協会（1992年4例）	48	22.9	0
平均	66.9	27.1	9.5

その合計額は最低に見積もっても83億ドルになる（**表Ⅱ-10**）。農薬の直接的効果にくらべてこれらの間接的経費は資料不足もあって計算できなかった事項もあり、この総額はかなり内輪の見積もりであるという（Pimentel & Greiner 1997）。これから農薬使用のコストは、農薬の直接費用65億ドルに**表Ⅱ-10**の間接費用を加えると65＋83＝148億ドル、これに対し利益は260億ドル、純益は260－148＝112億ドル／年となり、農薬使用による利益は1ドルの投資で1.7ドルとなる。農薬使用にはいろいろと問題がつきまとうが、その欠陥を最小限にとどめその長所を積極的に使うことがこれからの農業にとっても必要なことを示している。

　日本ではどうだろうか。農薬を使わなかった場合の米の減収率は、試験実施年の病害虫の発生程度、気象条件、栽培条件、さらに真の減収原因の特定が困難なため、これを正確に推定するのは困難である。これまでに行なわれた各種の試験やアンケートの結果では、農薬を使用しないとほぼ27％の減収になると考えられる（**表Ⅱ-11**）。これは農薬使用を前提として、それを使用しなければという仮定に立った場合である。農薬を使用しないことを前提とした農法で、農薬使用の経済効果を評価する調査も必要であろう。

　日本植物防疫協会は、農薬を使用しなかった場合の病害虫などの被害調査を1991/92年度の2カ年にわたって行なった。水稲では無防除区、慣行防除区とも育苗期までは防除を実施し、田植え後の防除の有無による違いを調べた。11事例の結果では、いもち病や雑草の被害で2～3割の減収、これにカメムシ被害による品質低下で、出荷金額では3～4割の減収益となる事例が多かった。全体の平均値では減収率は27.5％、出荷金額では34.0％の減益となった。そこでもし農薬を使わない場合、34％の出荷金額ベースの減収は、15万4194×0.34＝5万2426円/10aと推定される。一方、

第Ⅱ章　化学的防除の功罪　65

農薬を使わないことによる経費節減は9328円（農薬費7579円と散布労賃1749円の合計）である。

　農薬を使用しない場合の収益は（15万4194－5万2426）＋9328＝11万1096円、したがって農薬使用による10a当たりの収益増は、15万4194－11万1096＝4万3098円、農薬代金に対する収益率は4万3098÷9328＝4.62となり、米国での推定値1：4とほぼ近い値を示している。水稲作における農薬使用の経済効果については、1970～1973年の4年間については、1970年は4.5、71年4.6、72年5.1、73年5.5という推定値もある（農薬問題特別研究グループ　1976）。1991～1992年の推定値も加えて計算すると、1：5となる。日本では米国で行なわれたような調査はないので、間接的費用を米国並みとすれば、農薬1に対し1.3となり、農薬の直接・間接費用の合計は2.3、したがって農薬の利用によって生みだされる利益は5－2.3＝2.7、すなわち農薬の利益は農薬代金の約3倍弱と推定される。

世界の動き

　このように農薬＝悪ではなく、その特性を活かし、環境などへの影響などの負の外部経済をいかに小さくするかが重要なのである。現在、世界各国が農薬使用量を削減する努力をしている。EUでは、デンマーク、オランダ、スウェーデンがそれぞれ10～15年で50％削減の目標を立てている。カナダでは減農薬運動を1987年に開始し、2002年までに半減、米国でも1993年より農作物の75％をIPM下に置く国家計画を立て、近未来に農薬の使用量を50％減らすことによって500億ドルを節減するとともに、有害生物による作物被害を最小限にする目標を立てている（Norton & Mullen 1994；Pimentel 1997）。土壌燻蒸ならびに植物検疫用に広く用いられている臭化メチルは、成層圏のオゾン層を破壊する作用があるため、1991年を基準として、当初より5年前倒しで2005年には全廃することが、1997年のモントリオール議定書第8回締結国会議で取り決められた。わが国でも「農薬依存防除からの脱却」をめざして、IPMにもとづいた減農薬防除体系を確立するための研究と普及の努力が行なわれつつある（「あとがき」参照）。

減農薬の試み

消毒思想から省農薬へ

　日本における殺虫・殺菌・除草剤生産量の推移をみてみよう（図Ⅱ-10）。農薬が農

図Ⅱ-10
農薬の生産量の年次推移
（那波 2001）
● ：殺虫剤　□ ：殺菌剤
▲ ：除草剤　○ ：その他

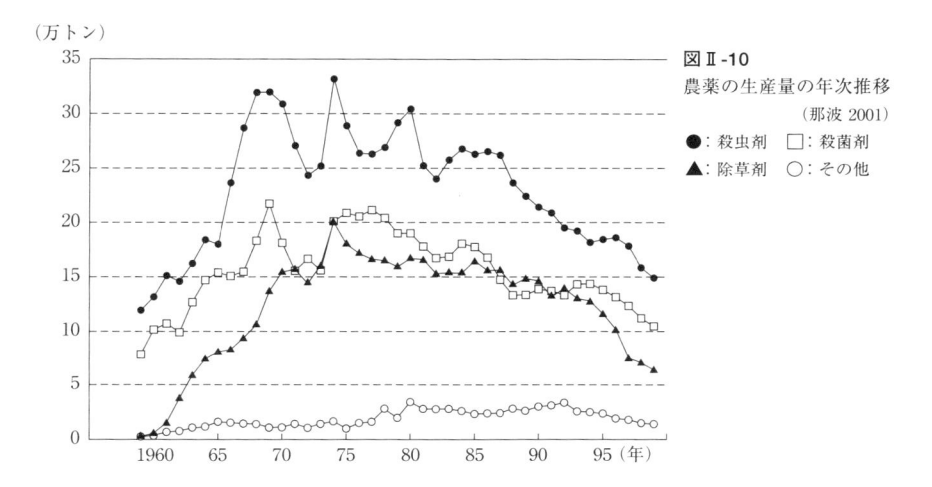

業に利用されたのは殺虫剤がもっとも早く、次いで殺菌剤、除草剤の順である。1980年頃を境に生産量はいずれの農薬も減少傾向にあり、現在の売上高は約3500億円と推定されている。もっとも需要の多かった水田面積が1970年以来30％も減少していることと、80年代後半から防除要否の判定が経済的防除の実施のため導入されたこと、粒剤を主体にした省力的散布（長期残効型育苗箱施薬、水面展開剤、ジャンボ剤）に変わったこと、農薬に対する農家を含む一般の目が厳しくなり、消毒的思想から省農薬を指向するIPMに変わってきたことが大きく貢献していると思われる。さらに近年は害虫発生の少ないこともある（那波 2001）。

　注意しなければならないのは、農薬の製造量は製剤された後の重量で表わされていることである。例えば水田用の粒剤は10aにつき3kg撒くように規格が統一されている。しかし有効成分は、混合剤では複数の種類が含まれているので、粒剤3kgといっても正確な使用量はわからない。さらに1キロ粒剤（10a当たり1kg）といっても、有効成分量が昔の3キロ粒剤の3倍入っているので重量では3分の1に減少していても、有効成分量では変わらない。さらに有効成分そのものの効果が昔の薬剤にくらべてはるかに高い効果が期待される。殺虫剤では1ha当たりの必要有効成分量は2.5kgから25gへと、100分の1に減少している。殺菌剤では1.2kgから100gに、そして除草剤では、3kgが100gに投下量は減っている。さてこのような統計値が得られても、実際に作物別に有効成分量でどれだけ使われているのか、また何回散布または施用されているのかという使用実態については、各県で出している病害虫防除指針をみて想

表Ⅱ-12　1998年における1作当たりの農薬の種類別投入回数と有効成分の投入量
　　　　投入量は（　）内の数字（農林水産省統計情報部 1999）　　　　　（kg/ha）

	殺虫剤	殺菌剤	殺虫・殺菌剤	除草剤	計
露地野菜	6.2（21）	5.0（8）	0（0）	0.4（0）	11.8（31）
施設野菜	8.5（47）	9.6（11）	0（0）	0.2（0）	18.8（59）
露地果樹	6.3（34）	7.6（32）	0（0）	0.5（1）	15.2（81）
施設果樹	7.0（18）	5.2（23）	0（0）	0.6（1）	13.8（47）
露地花卉	14.0（17）	10.1（11）	0（0）	1.5（2）	25.8（31）
施設花卉	15.6（38）	10.9（21）	0.1（0）	0.3（1）	27.1（60）
畑作物	3.3（27）	2.6（8）	0.1（0）	0.7（1）	7.4（41）
水稲	1.6（1）	3.1（2）	1.0（1）	2.2（2）	8.0（6）

　註　1万6000戸を調査した。1998年度の水稲総生産費で農薬の占める比率は4.5％

像するしかなかった。なぜなら指針はあくまでも指針で、実態を反映しているかどうかは別問題だからである。

実態調査

　農薬使用量を半減するといっても、使用実態がわからないままではかけ声だけになる。この調査を大規模に1万6000戸の農家を対象に農林水産省統計情報部が行なったのは1998年のことであった。一般の読者には驚きかもしれないが、この調査でわれわれは初めてその実態についての信頼できる全国的な資料を手にすることができた（表Ⅱ-12）。それによれば施設栽培の野菜や花卉では、露地物にくらべ使用量が2倍近いことがわかる。農薬の使用量は水稲がいちばん少ない。水稲栽培で農薬が占める比率は生産費の4.5％で、10a当たり600gを8回に分けて施用されている。しかし現実には除草剤も1回施用が広く普及しているし、広島県では1993年の6.3回から近年では1〜2回に減っている（那波 2001）。長野県でも1993年の5〜7回に対し1998年では3〜4回と減少しており、全国的な現象といえる。

　これは水稲だけではない。殺菌剤の散布回数も1993年はリンゴ14回、ナシ15回であったのが1998年にはそれぞれ9回と10回に減っている。鹿児島県茶業試験場（1997）の報告では、茶の防除暦からみると、1984年は13回、1992年11〜12回、1995年には顆粒病ウイルスを利用したハマキムシ類の防除が取り上げられ、その結果7回になり10年で半減している。しかし農薬散布が減ったために今まで併殺されていたクワシロカイガラムシが増加してきたという。三重県でも、合成ピレスロイドはハダニの誘導異常発生をもたらすことから、非合成ピレスロイド剤に変えた結果、20年前にくらべ2

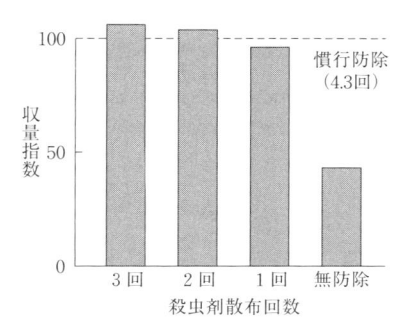

図Ⅱ-11 選択性殺虫剤の散布回数と米の収量　慣行防除田（一般農家）の収量との比較で示した（1970年高知県での調査）（桐谷・中筋 1977）

〜3回少ない7〜8回の防除回数となり、経費も20％前後は軽減された。その代わりに徐々にクワシロカイガラムシが増加の傾向にある（大谷 2001）。クワシロカイガラムシの多発は全国的な現象である。久保田（2001）は静岡県の長期の調査資料を分析して、気象とくに少雨が多発生の引き金になっていると結論している。しかし天敵相の貧困化による新たな誘導異常発生の可能性も捨てきれない。

減農薬の提案と実証試験

　話をここで30数年前に戻したい。「減農薬」という言葉が最初に印刷物に現われたのは、桐谷圭治・中筋房夫（1977）『害虫とたたかう——防除から管理へ』の第3章「減農薬への道」である。1969年、高知県でBHCの使用禁止に踏みきったわれわれは同時に、農協の連合体である高知県経済連合会の協力を得て「病害虫防除改善事業」を発足させた。新しい防除技術の実験圃場という性格をもたせ、県下にある4つの防除所の所在地に実験圃場を設置した。

　3カ年計画で初年度1969年はニカメイガ（チュウ）をBHCの代わりに有機リン剤を用いて十分防除できるかどうかを検討する。次年度はウンカ・ヨコバイの天敵、クモ類に影響の少ない選択性殺虫剤の使用で防除回数を減らせるかどうかを検討する。最終年の1971年には選択性殺虫剤として選んだBPMC（有効成分2％）を、とくに調整して市販の2分の1の1％粉剤を作り、有効成分の減少が可能かどうかを検討する計画を立てた。調査は農業試験場が行なうものと変わらない設計であった。すなわち週1回、所定の株のウンカ、ヨコバイ、クモ類の全数を調べ、最後に収量調査も行なうこととした。この調査は、当時、県の病害虫担当の専門技術員であった井上孝の陣頭指揮によって進められていった（桐谷ら 1972）。

無防除と1回防除

　初年度の結果では、BHCの代わりにフェニトロチオンやフェンチオンなどの有機リン剤を用いるほうが防除効果も上がり、増収につながることで、いくらか高くつく農薬代の埋め合わせがつくことを示した。当時の慣行の殺虫剤散布回数は4回前後であった。2年目の実験圃場では害虫の発生状況をよくみながら散布のタイミングを決めていたため、2～3回の散布で十分な効果が得られた（図Ⅱ-11）。さらに驚いたことには、この年はトビイロウンカが多発生したため、無散布区の半分に1回だけ選択性殺虫剤を撒いた。その結果、まったくの無防除ではウンカによる坪枯れが生じ慣行防除の半作以下になったが、1回防除した区は慣行防除とほとんど変わらず、明らかに慣行として行なわれていた4回散布のうち2～3回は実際には不必要なことも示された。

ウンカ防除は市販の4分の1の濃度でも可能

　1971年の低濃度試験では、防除可能な害虫はウンカのみでツマグロヨコバイの防除には困難があることがわかった。この理由は高知県のツマグロヨコバイはカーバメート系殺虫剤に抵抗性を獲得していたためである。別に行なった試験では、出穂期以前の時期では市販の4分の1（0.5％）の濃度でもウンカ類には有効であることがわかった。当時ウンカ・ヨコバイ剤として市販されていたカーバメート系殺虫剤の有効成分はいずれも2％であった。しかし、この濃度はヨコバイ防除には必要でも、トビイロウンカやセジロウンカには不必要に高い濃度である。ツマグロヨコバイを防除するのは、西日本では稲萎縮病ウイルスを伝播する5～6月頃であるのに対し、ウンカの防除時期は8月中旬以降とはっきり分かれている。したがって、ウンカ剤としてカーバメート系殺虫剤の低濃度粉剤を販売しても普及可能であった。

　この問題について農薬取り締まりの責任をもつ農林水産省の植物防疫課の見解を公式の会議の席上で何度か質したが、答えはいつも同じ「同一品目の農薬を異なった濃度の製品として別個に登録を認めることは、農薬の品目の多い現状では好ましくない」というものであった。品目の多くなったのも、それを認めたのは同課である。現場で行なった減農薬への努力も、責任官庁の姑息な姿勢のためIPMをめざすどころか、その芽をつぶす態度であったのは残念なことであった。

省力化は、資源の消費化

　コラム「葬られたBHC」でもふれたように、私たちは農家に薦める県の農薬使用基準をできるだけ保守的なものにしようと努力した。当時は三ちゃん農業といわれ、若者が都会に出たあと、老夫婦とお嫁さんが農家の主要な労力であった。それだけに

病害虫防除も省力化が叫ばれ、農薬の剤型も乳剤から粉剤、その次には微粒剤、そして粒剤と変わり、散布も肩かけ散布機から、粒剤では手撒きもできるようになった。果てはジャンボ粒剤まで現われて、靴を履いたまま畦から投げこむ横着なものまで現われた。乳剤・粉剤・微粒剤・粒剤と変わるにつれて含まれる有効成分量は増えていき、投下量は乳剤の0.5kg/haから粒剤の1.5kg/haと、省力化は資源の消費化につながっていた。

　また散布労力を少なくするため、殺虫剤と殺菌剤の混合剤、あるいは薬効を高めたり、適用害虫の範囲を広げるために異なる系統の殺虫剤を混ぜた混合剤がどんどん販売されていた。これは当然のことながら投下有効成分量の増加につながる。また問題の病害虫が発生していないにもかかわらず散布するので、不必要な過剰散布につながる。私たちは、同じ有効成分なら、販売されている製品からもっとも低い成分量のものを推奨し、混合剤ではなく単剤の使用を薦めることにした。

一石三鳥の技術

　ちょうど1970年代から稲作の機械化が進みだし、田植え機による稚苗移植が普及しはじめた。これにあわせて、苗箱に高濃度の殺虫剤を施用して移植前の稲体に吸収させ、本田におけるメイチュウやヨコバイの加害を防ぐ苗箱処理が注目されるようになった。苗箱処理では、100〜150g/箱の薬剤施用が標準となっていた。この方法でツマグロヨコバイが媒介する稲萎縮病の発生も防げないかという試験を、室内実験と圃場試験で1972〜1973年に実施した。箱施用の薬量を従来の本田での慣行防除と比較してみると、10a当たりの薬量は、本田に3％粒剤を3kg/10a施用した場合と、5％粒剤を100g/箱施用した場合が同じになる。わかりやすく言いかえれば、慣行防除並みの薬量を面積にして約300分の1に当たる育苗箱に投与していることになり、まさに農薬に苗をまぶしているようなものであった。これに殺菌剤も混ぜるので、この技術のいちばんの問題点は苗が薬害で枯れることであったのもうなずける。それでも所用で訪ねた中部日本の農業試験場では、100g/箱を最低薬量として箱当たり150gまたは200gを施用する試験を実施していたので、正直びっくりしたりあきれたりした。高知県では、100g/箱を最高基準に50gまたは20gの試験を実施していた。20gではヨコバイの死亡率も低く実用化は無理と判断された。50gでは慣行の100g施用の場合と効果はまったく変わらなかった。県では1974年からは、この薬剤を50g/箱で使用するよう指導した。これによって、処理面積は本田施用の300分の1程度になり、投下薬量も半減して、苗に薬害をもたらす危険も回避できる一石三鳥の技術となった。

表Ⅱ-13　古いタイプと新しいタイプの農薬の特徴（浜 1996）

性　質	古いタイプ	新しいタイプ
人畜に対する毒性	高い	低い
環境影響	難分解性	易分解性
	生物濃縮性大	生物濃縮性小
作用性	非選択性	選択性大
	殺滅型	制御型
投下薬量	多量	少量

減農薬の理論

　減農薬はたんに農薬の使用量を減らすことを目的としているだけではない。今かりに1作に3回の農薬散布があるとすれば、3回を2回にするのは、適切な薬剤、薬量を、適切な方法で適切な時期に撒けば比較的容易に実現できるであろう。しかし2回を1回にするには、農薬散布に代わる代替手段を導入しなくてはならない。これは容易な仕事ではない。代替手段で置き換えたとしても、かなりのリスクを覚悟する必要がある。除草剤の場合には、その代替として、手取り2回、機械除草2回で、除草剤を使う場合にくらべ、余分に40時間除草作業を覚悟しなくてはならないという。しかし除草剤を使わない除草法も有機農業などでいろいろと工夫されている。また動力除草機を使えば10時間を切るそうである。

　減農薬では、収量は現状維持で農薬を減らすのだから、50％削減なら農薬と外部経済関連費用も50％減少する。また減農薬生産物として高価格で売れれば、農家の所得は増えるかもしれない。減農薬のメリットを最大限引きだすためには、農薬の性質（毒性、残留性、選択性など）、散布技術（最適濃度、要防除密度の設定、発生予察の精度向上、散布法の改善、安全使用基準の遵守など）のより一層の改善をめざす必要がある。

　現在農薬としては、有効成分で450種以上、製剤で6000種類もある。大半の農薬は急性毒性が低く、環境に対する負荷は以前の有機塩素系農薬や一部の毒性の高い有機リン剤にくらべ格段の改善がみられている。例えば昆虫外皮の主成分、キチンの合成を阻害するIGR（昆虫成長制御剤）やスルホニル尿素系除草剤などの成長制御作用型の選択性農薬は、哺乳動物にはほとんど無害である。また投下量もha当たりでみると、従来の物にくらべ、数十分の1から100分の1以下になっている（**表Ⅱ-13**）（67頁参照）。

減農薬はこのような有効成分の減少とその散布技術に限られるものではない。減農薬を進めるためには、作物の栽培法（土作り、施肥の方法、仕立て方など）、天敵やフェロモン、微生物農薬、抵抗性品種の利用なども必然的にその視野に入ってくる。農薬を散布するかどうかの最終的な意思決定をするのは農家自体である。農家の自主性を引きだしそれを尊重することが、減農薬には何よりも大切である。インドネシアでの「農民学校」運動はその典型である（第Ⅰ章「総合的有害生物管理」の項参照）。

減農薬の実践

　日本における過去半世紀の稲作発展の軌跡は、農薬を先導役に肥料、品種がそれを支えてきた。熱帯アジアにおける緑の革命が、品種を先頭に肥料そして農薬が追従したのと著しい対照をなしている。日本での稲作害虫のIPMが、殺虫剤の合理的使用すなわち減農薬を第一の目標に歩みつづけたのも当然のことであった。その歩みを振り返ってみよう（那波 1987）。

選択性殺虫剤の利用と薬量の低減化──高知県

　高知県農林技術研究所を中心とした筆者らのグループは、殺虫剤による天敵への悪影響を最小限にするとともに、最小限の薬量と散布回数を目的に、前述（「減農薬の提案と実証試験」の項）のように日本で最初に減農薬によるIPMの実証試験を行なった。その結果、⑴BHCから有機リン剤へのニカメイガ防除剤の切り替え、⑵BPMCなどの選択性殺虫剤の利用、⑶育苗箱施薬量の半減と本田防除回数の減少などの可能性を実証し、IPMの基礎を作った。選択性殺虫剤としてのBPMCはその後、熱帯アジアでのIPMにも広く採用されることとなった（桐谷ら 1972）。

防除要否の二重判定制──秋田県

　ニカメイガの発生は1960年代を境に、秋田県でも減少してきていたが、航空機による広域一斉防除の面積は逆に増加していった。当時、秋田県農業試験場にいた小山重郎（1973；75；77）は、ニカメイガの生命表の研究から、その要防除水準を第1世代幼虫の加害による稲茎の葉鞘変色茎率12％とした。他方、同時期に発生するイネクビホソハムシ（イネドロオイムシ）についても要防除密度を設定し、両種の発生量がともに要防除密度（または水準）を下回っていれば、航空散布を省略することにした。その結果、1970年代後半からは第1世代の防除面積は減少した。第2世代については、

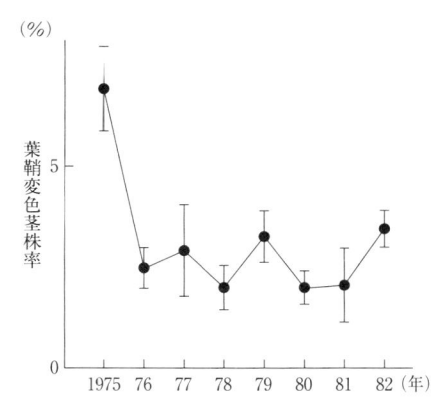

図Ⅱ-12　ニカメイガに対する殺虫剤散布を8年間連続して中止した地域での被害茎発生の年次変化（小嶋 1996）

第1世代のような基準が設定できなかった。そのため1980年代も防除面積は減少しなかった。

多段式要防除水準の導入と農家による意思決定──新潟県

　ニカメイガ第1世代の防除を水稲害虫防除の基幹作業としてきた新潟県でも、発生が少なくなった地域では防除の省略を望む農家も出てきた。新潟県農業試験場の江村一雄・小嶋昭雄らは、農家、防除所、農協などの協力のもとに1975年から8年間、17haの水田でニカメイガに影響があると思われる殺虫剤の使用を一切とりやめ、無防除田でのニカメイガの発生を調べた（図Ⅱ-12）。その結果は全調査期間にわたって、隣接の慣行防除地区との発生量に差がみられなかった。県下の他の地域でもニカメイガの発生が少なくなったところでは、実験的に一部地域の防除を中止し、被害が増えないことを確認して防除を省略した。また発生の軽重に応じた多段式の防除指針を作成し、無防除から2回の一斉集団防除までの対応策を立てている（表Ⅱ-14）。さらに発生が軽微なときには発生経過をしばらく観察したうえで防除の要否を決定する、「待ちの意思決定」方式を導入した点でも注目される。これらの活動が現場の技術者や農家による自主運営で支えられていたことも、この試みが県下全域に広がった理由である。

イネミズゾウムシの防除──広島県・宮城県

　1976年に愛知県で日本定着が確認されたイネミズゾウムシは、米国カリフォルニアから侵入したものであることは、日本産のものとミトコンドリア遺伝子の配列と共生

表Ⅱ-14　小千谷市防除協議会が発行した「防除のめやす」の1例（1980年）
（江村 1981）

イネクビホソハムシ（イネドロオイムシ）（25株当たり）

予察時期	調査結果		防除のめやす
	程度	調査値	
5月下旬～6月下旬 成虫数	無	0	防除の必要はない。
	少	1～2	今後の発生推移に注意する。
		3～6	雨天が続く場合は防除する。 （幼虫加害初期に防除）
	中	7～20	収量に影響するので必ず防除する。 （幼虫加害初期に防除）
	多	21～40	収量に影響するので必ず防除する。 （幼虫加害初期に防除）
	甚	41以上	収量に影響するので必ず防除する。 （幼虫加害初期に防除）

ニカメイチュウ（25株当たり）

予察時期	調査結果		防除のめやす
	程度	調査値	
6月下旬 株率（第一世代）	無	0	防除の必要はない。
	少	1～10	防除の必要はない。ただし、多発田に注意する。
		11～29	一斉集団防除をする。
	中	30～59	一斉集団防除をする。多被害田は一斉防除前に防除しておく。
	多	60～89	一斉集団防除をする。早植田は一斉防除前に防除しておく。
	甚	90以上	一斉集団防除を2回する。

微生物相が一致することから確実視されている。本種は1983年には広島県にも発生が確認された。同県では農家と市町村、農協などの農業技術者からなる防除班が集落単位で活動しており、10ha当たり2～3筆の割合で延べ850人が約9000筆の水田を毎年調べている。こうした調査活動の結果、発生面積の毎年の拡大にかかわらず、1983年は23％、84年は60％、85年は21％が防除不要と判断された（那波 1987）。

宮城県では1985年から発生が確認されだした。越冬後のイネミズゾウムシ成虫の水田への侵入は、田植えの早い宮城県では低温のためか飛翔ではなく歩行による。この性質を逆手にとって、粒剤で育苗箱処理した苗を水田の周辺部に額縁状に移植するだけで、十分に防除できることがわかった。畦より6列だけの処理でイネミズゾウムシの本田内部への侵入が阻止される。害虫の行動を逆手にとったこの方法で、農薬は慣行のわずか4分の1に抑えることができた（城所 1995）。

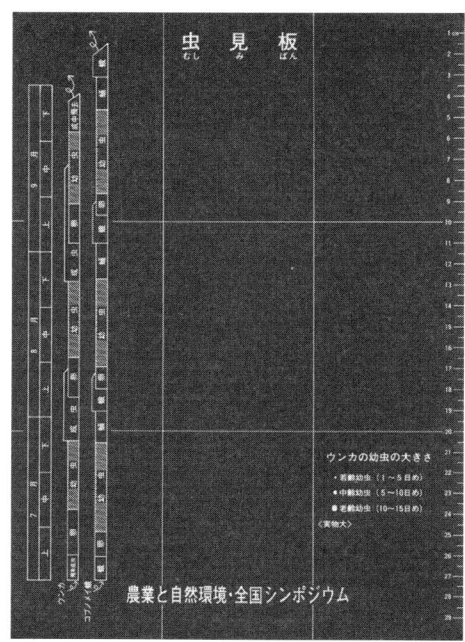

写真Ⅱ-2
福岡県で作られた虫見板とその使い方

　高知県や秋田県では減農薬すなわちIPMへの試行もトップダウン方式であったのが、新潟県や広島県では農家の参加も得た方式へと移行し、次の福岡県でみるように、農家が中心となったボトムアップ方式に変わることによってIPMは定着していくと考えられる。

農家自身による減農薬稲作の推進──福岡県
　1980年から福岡県農業改良普及所の宇根豊が中心となって進められた減農薬運動は、(1)農家が害虫と天敵の見分け方を知らない、そのために(2)防除の要否を自分で決められない、という状況を変えようとした（宇根 1984）。
　福岡市農協減農薬稲作部会では、減農薬のため苗箱施薬をしないで機械移植をするとともに、田植え後30日間湛水を薦めている。これは近年のツマグロヨコバイの稲萎縮病ウイルス保毒虫率の低下に見合って保険的施薬を省略した最初の試みである。また湛水によってスクミリンゴガイなどによる除草効果に期待する農法である。さらに虫見板（**写真Ⅱ-2**）の採用によって、農家が農業技術者のレベルでモニタリングを実

虫見板のルーツ、「粘着板法」

　稲害虫のウンカやヨコバイ類の調査は俗に「払い落とし法」が主流であった。調査員が横一列に並んで水田に入り、稲株を叩いて落ちた昆虫をすばやく数え「トビ成虫5、幼虫10、セジロ成虫3……」と叫んで、それを記録係の女性アシスタントが書きとめるという、やや神がかり的な手法である。これではベテランと駆けだしでは当然のことながら精度にかなりの差が出てくる。1967年、九州農業試験場に勤務していた永田徹は、セルロイドの下敷きにタングルフット（粘着剤）を塗って、これに稲株上の昆虫を叩き落とすことを考え、1968年には九州病害虫研究会報に写真入りで紹介した。

　この粘着板を20枚入れた収納箱を下げて水田に入れば、1枚の板に10株ほどを連続して払い落とし、研究室にもち帰って涼しい室内で虫を数えられることで、水田での調査労働は極端に軽減される。忙しいときは冷蔵庫に保存して、後からカウントもできる。この方法は九州では大分県、宮崎県をのぞく各県で採用されたが、福岡県では粘着剤を塗らない板の上に虫を払い落とす簡便法として導入され、これが虫見板につながった。

　九州以外でも広島や島根や秋田などの県ではウンカの調査に県下の防除所が使っているし、また農薬会社の自社試験用にも活用されている。またインドネシアやマレーシアにも導入された。

　　　　　　　　　　（永田徹『稲害虫研究をとおして』2003年より）

虫見板の発明

　虫見板は現在までに約15万枚売れているそうである。減農薬運動のツールが虫見板である。IPMの理論を「絵に描いた餅」ではなく、農家による実践につなげた技術が虫見板である。永田の粘着板があくまでも試験研究用であったのに対し、虫見板は減農薬やIPMの武器として発明されたものである。「福岡県では粘着剤を塗らない板の上に虫を払い落とす簡便法として導入され、これが虫見板につながった」というのは誤解である。宇根によれば、粘着剤を塗らない板をみたこともなければ、当時の福岡県の普及員（宇根も普及員であった）は粘着板も知らなかったそうである。

　1979年の夏、筑紫減農薬稲作研究会の青年たちが試験田に集合したとき、メンバーの篠原政昭が針金の四角い枠に黒い学生服の古布を張ったものをもってきた。それまでは捕虫網を使っていたが、使い勝手が悪いうえひとつしかなかっ

> たので、自分でみる機会を増やしたかったのだ。その後宇根は、もっとシンプル
> にしようと合板に変え、サイズも機械移植の間隔に合わせ23×30cmにした。
> これが虫見板の誕生である。
> 　宇根が福岡県の防除基準に虫見板を取り上げるように再三提案したにもかかわ
> らず、「使用のすすめ」に取り上げたのは1995年になってからだった。私（桐
> 谷）にはこのあたりの雰囲気が手に取るようにわかる。
>
> 　　　　　　　　　　　　　（宇根豊『田んぼの忘れもの』1996年 葦書房より）

施できるように工夫している。またIPMの視点からの各種の情報伝達、農薬を減らした場合の稲の成育・収量を調査するための研究田の設置、防除暦の全面的見直しなど、農家の研究・教育プログラムが組みこまれている。注目されるべきなのは、防除だけでなく、種子消毒、育苗法、田植え法、施肥体系、品種などすべての技術が減農薬に合うように全面的に改良されていることである。

　こうして生産された米が生協ルートにより、2001年には無農薬米が約8000俵（玄米60kg袋）、減農薬米（本田防除なし）が約1万3000俵販売され、福岡市農協の米集荷総量の65％を占めるにいたっている。現在ではこの運動は全国的規模にまで発展し、水田を中心とする農村における生物多様性の保全、そのためのデ・カップリング政策（農業政策で農民の所得支持効果から、それ以外の環境などへの効果を切り離すこと）のメニューの提案などその広がりも生態・経済・社会学的側面に及んでいる。

トップダウン技術の欠陥の克服——奈良県

　これまでの殺虫剤使用上の農家へのアドバイスは、もっぱら対象害虫に応じた農薬の種類、散布濃度、時期、天敵への配慮などに限られ、害虫管理の当事者である農家の作業（散布方法など）やその効率を高めるための圃場の管理への視点に欠けていた。奈良県農業技術センターの国本（2001）は、害虫－殺虫剤－農家の三者系で薬剤散布の効果を高める要件を図にまとめている（**図Ⅱ-13**）。栽培現場では、これまで③の殺虫剤の効果を重視するあまり、①②の害虫の生態や薬液の付着程度についてはあまり省みられなかった。図Ⅱ-13で3つの条件がすべて満たされたとき（⑦）にのみ化学的防除が成功したと考えると、他の④⑤⑥はなんらかの問題があると考えられる。国本は、キク、促成栽培イチゴを対象に感水紙などを用いて今までの習慣的な散布法の

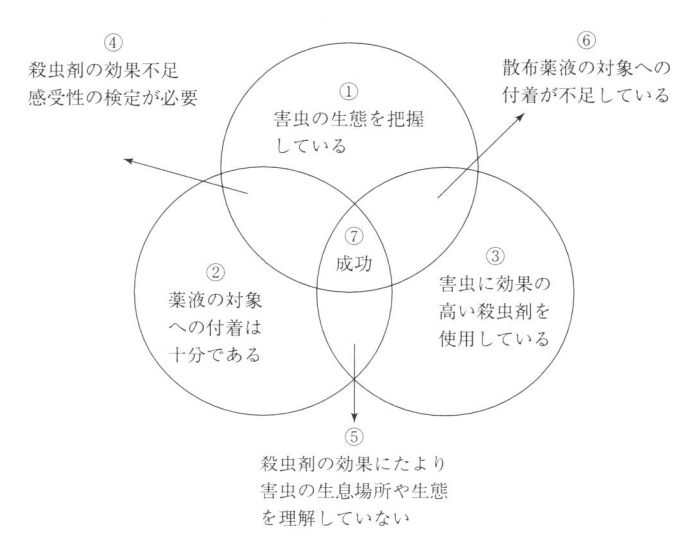

④
殺虫剤の効果不足
感受性の検定が必要

⑥
散布薬液の対象への
付着が不足している

① 害虫の生態を把握している

⑦ 成功

② 薬液の対象への付着は十分である

③ 害虫に効果の高い殺虫剤を使用している

⑤
殺虫剤の効果にたより
害虫の生息場所や生態
を理解していない

図Ⅱ-13　殺虫剤散布による害虫防除の成否を構成する要因（国本2001）

欠陥を農家が体験することにより、他方ではハダニの生態や密度調査の重要性をひざ詰めで伝えることにより、殺ダニ剤の散布回数を慣行防除の半分程度まで削減できたばかりか、費用も4分の1程度にまで落とすことに成功した。協力農家からは一層の散布回数の削減も可能ではないかという感想も寄せられたという。

ニカメイガの減少──無意識のIPM

被害は防止できても虫は減らない

　日本応用動物昆虫学会では、毎年学会開催時に一般講演の終了後、有志が集まって各種の研究会がもたれていた。そのなかのひとつに「総合防除」研究会があった。第1回は1975年、東京の玉川大学で私が発起人になって開催した。「ニカメイガの過去、現在、未来」というテーマで開いたところ、ニカメイガの減少という有史以来の出来事に等しく関心が集まり、驚くほどの人が集まった。農薬メーカーの研究者も含めて「ニカメイガの減少は農薬によるものではないと結論され」これにも私は驚いた。

　図Ⅱ-3をみていただこう。戦後15年間ほどはニカメイガはサンカメイガの減少とは逆に増加している。この時の殺虫剤の主流はBHC、パラチオンであった。発生面積は増加していたが、ニカメイガによる被害防止にはこれらの農薬は効果を発揮してい

第Ⅱ章　化学的防除の功罪

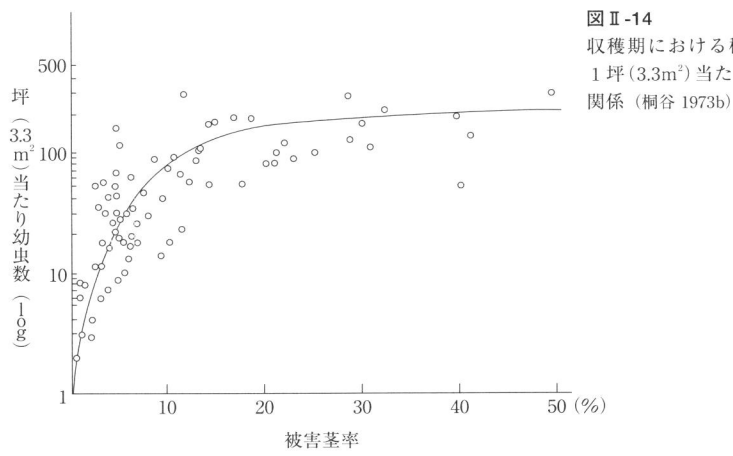

図Ⅱ-14
収穫期における稲の被害茎率と1坪（3.3m²）当たりの幼虫密度の関係（桐谷 1973b）

た。しかしサンカメイガでみられたような発生密度の減少はみられず、戦前（1933～1942）と戦後（1951～1957）の日本各地での誘蛾灯での誘殺数を比較してみると、第1回成虫では誘殺数は変わらず、第2回成虫では期待に反して戦後で増加していた（宮下 1982）。

　1969～1971年の3カ年間に全国で実施された農薬効果試験から、無散布区における収穫期（第2世代幼虫末期）の被害茎率と幼虫密度の関係をみてみると、被害茎率15％以上では幼虫密度はほぼ一定値を示している（図Ⅱ-14）。15％以下では被害茎率のわずかな減少でも幼虫密度は大きく減少する。宮下（1982）がみた現象は、図Ⅱ-14の15％以上の時期に当たると考えてよい。この範囲では被害は減少しても虫の密度は減少しない。他方、農薬散布にかかわらず密度が減少しなかった原因は、戦後の窒素肥料の解禁による施肥量の増加、作期の乱れによる稲の栽培期間の延長などが考えられるが、殺虫剤による卵寄生蜂の激減による寄生率の低下、また西日本ではサンカメイガとの競争圧の減少などもその増加に貢献していると思われる。

害虫が天敵に

　イナゴやササキリ類は稲の穂を加害する害虫として当時は防除の対象になっていたが、ササキリはまたニカメイガ卵塊の重要な捕食者であることがのちにわかった。野里・桐谷（1976）が高知県で農薬無散布水田に5世代にわたって、約40卵塊（3250卵）を毎世代接種したところ、平均30％（15～48％）の卵が捕食された。この時の捕食者

はウスイロササキリとホシササキリで、両種をあわせた密度が平均1.8頭/3.3m^2（0.7〜3.8頭）であった。卵寄生率は2％程度で卵の死亡要因としては無視できた。ニカメイガの生命表からは、耕種的条件の変更でたとえニカメイガの幼虫の生存率がよくなっても、ササキリ類による卵期の死亡が35％前後に達すれば、当時の低い被害茎率（0.4％）を維持できると考えられた。

減少に貢献した耕種的条件

　サンカメイガに遅れること約20年の1960年頃からニカメイガは減少傾向を示し、1970年頃から急速に減少しだしている（図Ⅱ-3参照）。この主な原因は各種の耕種的条件が総合的に働いたためと考えられている。すなわち稚苗の機械移植にともなう育苗箱への農薬施用や、移植苗が成苗でなく稚苗になったことがニカメイガ幼虫の生存率を低めたためと考えられる。このほかにも品種の変化（穂重型より穂数型に変化し、茎の太さが細くなったため幼虫の成育に不利）、2週間も収穫が早まったこと（幼虫が越冬前に十分餌を食べられない）、ケイカルの施用量の増加（稲茎の珪酸含量が高くなると幼虫の咀嚼顎が磨滅する）、収穫の機械化や施設栽培への稲ワラ使用によって、ワラ内部に潜む越冬幼虫の死亡率が高まったことなどが総合的に作用したと考えられる。京都府立農業試験場がバインダー刈りと手刈りでの幼虫死亡率をくらべたところ、それぞれ48％と4％で、死亡率の増加は搬送部での圧死による。これがコンバインを使用した収穫になるともっと死亡率が高くなると予想された。

東アジア共通の減少

　往時の稲の最大の害虫も今では潜在的害虫になってしまった。ニカメイガの減少には、殺虫剤以外にも米の増産運動に利用された各種の技術、資材が貢献したことが明らかである。大害虫の防除には耕種的な手段による長期的取り組みが必要なことを教えてくれる。ニカメイガの減少は日本だけではない。日本での減少開始年を1962年とすると、韓国1968年、台湾1970年、中国広州では1984年からその減少が始まっている。これらの地域に共通することは稲の早植えがその減少の開始の動機となり、その後に省力化のための機械化が進められてきたことである（Kiritani 1990b）。先にも述べたように、殺虫剤とビニールフィルムの利用が稲の早植えを可能にした。したがって、化学合成殺虫剤はサンカメイガの減少には直接的に、ニカメイガの減少には間接的に貢献したといえよう。

第Ⅲ章　有機農業の明暗

自然の加害者から保全者へ

　水田の外部経済効果を金額で評価するのはかなり困難な仕事である（33ページ参照）。手法、要素、価値観によっても異なってくる。赤トンボ１匹の値段は簡単に答えられない。したがって全国水田のもつ外部経済効果についても約12兆円（三菱総研）から４兆1000億（野村総研）までの幅がある。最近の研究などを考慮すると６〜７兆円と見積もられる。山の緑の価値を含めると約39兆円（森林総研）という。
　OECD（経済協力開発機構）が調べた1990年における世界の窒素肥料の消費量は60kg/ha、農薬は0.3kg/haに対し、日本はそれぞれ130kg/ha、1.8kg/haである。この大きな違いは粗放的農業と集約的農業の違いを反映しているが、農水省が1991年に行った地下水の硝酸態窒素による汚染調査では２割強の地域で環境基準濃度の10ppmを上回った。水田を主とする水系よりも畑作、砂地地帯で汚染度は高かった。しかし日本では農業のマイナス面についての認識やその解決の意志は少なかった（嘉田1996）。
　欧米では1970年代後半に農業の環境保全機能は否定しないが、環境への加害者としての農業が取り上げられるようになり、1980年代中頃から農政が環境保全に向けられた。その背景は、(1)地球規模での人口・食糧問題の緊迫化、(2)農業の持続性の喪失、(3)環境への負荷の増大、(4)農産物・食糧の安全性への懸念である。1992年、EC諸国では農業補助金を支払う条件に、農地利用の「粗放化」が義務づけられた。１ha当たりの家畜飼養密度を下げること、食糧生産においてもセット・アサイド（輪作ないしは休耕）を組みこむこと、そして粗放的な作物生産に転換した場合は補助金が増額される。こうして環境保全と引き換えに、新たな農業保護のシステムが再構築された。

有機農業とは

　国連食糧農業機関（FAO）の有機農業に対する見解を、FAO（1998）が国際オーガニック農業運動連盟（IFOAM）の会議に提出した文書に見ることができる。それによると、有機農業は単に化学肥料や農薬を使用しないという技術的なものではなく、食糧安全保障、農村における雇用と所得の創出、自然資源の保全と環境の保護という3つの目的を達成できる持続可能な農業であると規定している。

　そして、適切な形の有機農業は環境保全に貢献するとともに、発展途上国では農家経営の健全化、農村の自給による食糧安全保障、雇用の創出に貢献する可能性をもつものとして高く評価している。食糧安全保障という言葉は、一般には余りなじみのない用語であるが、「すべての家庭の家族全員が十分な食糧を物理的にも経済的にも手に入れることができるとともに、その権利を失う危険のない状態」と定義されている（FAO 1996）。

有機農業への期待──日本

　熊沢（1989）は有機農業をその実施動機から次の3群に分けている。すなわち、(1)宗教的信念にもとづく自然農法、(2)農家の自衛処置としての無農薬農法、そして(3)消費者の安全食料への運動に応えるための有機農法である。しかし日本植物防疫協会が1991〜92年に調べた動機では、回答者1337人のうち「おいしい農産物を作る」が1位（336）、次いで「消費者の強い要望」（266）、「耕作者の健康上の理由」（225）とつづいている。全部で8項目質問しているが、まだこの時代には質問事項には環境の言葉はない。また前節で見た、FAOの有機農業の定義とは認識にかなりの隔絶があることも否めない。

　これより数年後の1996年に、都市住民が望む将来の農業、農村の姿を農水省が調査したところ、「豊かな自然環境と共生した地域」（73％）、次いで「環境と調和した農業が基本となっている地域」（65％）とするものが多く、この2つの項目は年代、性別に関係なく1、2位を占めた。また約4割の消費者が有機農産物や減農薬、減化学肥料などの農産物の購入量を今後増やしたいとしており、外食業者の約6割、加工業者の5割が、これらの農産物をすでに利用しているか、今後利用すると答えている。

　このような消費者、流通業者の意向を受けて、生産者も動き出している。1997年の

調査では、化学肥料・農薬を節減または使用しなかった農家の割合は、水稲10万戸の約5％、野菜は1％、果樹は5％であった（植防コメント　1999.10.20）。その普及程度を岐阜県に見てみると、クリーン農業として農薬、化学肥料とも30％以上削減した作物栽培では、1993年は343ha、1999年は2127ha、2000年には2995ha（全作付面積の5.3％）と急速に増加している。水稲で6.1％、茶では29.7％にまでなっている（岐阜県農業指導課　2001）。

有機農産物とは

1997（平成9）年にわが国の有機農産物の表示ガイドラインが決められ、有機農産物とは「化学合成農薬、化学肥料、化学合成土壌改良資材を一切使わずに3年以上を経過し、堆肥などによる土作りを行なった圃場で収穫されたもの」と定義された。ま

WTO（世界貿易機関）の政策

関税問題や知的財産権、農業保護の削減など広い範囲の国際貿易上の紛争などを扱う国際機関として1995年にWTO（世界貿易機関）が設立された。農業分野に関するWTOの政策は、デ・カップリング政策で緑の政策（Green Box）と呼ばれる。農民の所得支持（保証）は認めるが、そのための生産補助金の支出や価格支持政策は認めないという。

具体的には、OECDの「農業と環境」部会では、農業の環境へのインパクトを評価する場合、生物多様性、野生生物生息地、景観など、13の指標をあげている。この指標によって環境に負荷を与えていると評価された農業には補助金を出してはいけないが、逆にプラス（環境便益）の効果を与えていると評価されると保護の対象にできる。生物多様性を保持するため農地を休ませる場合や、それに配慮した農法（例えば、放牧数を減らすなど）による損失は補助金でカバーできる。画一的な補助金政策は生産指向的で環境軽視につながるので、個々の農家を選別対象にする。またどんな農法が環境にやさしくかつ持続的かを決定するのは、個々の農家の条件によって決まるので、農家自身が主体的に決断する。ただし追跡調査により違反がみつかればペナルティが科せられる。農水省では棚田などのある中山間地域の条件不利地において、生物の保護や、自然生態系の保全に役立つ取り組みに対し2000年より助成金を支出している。

写真Ⅲ-1　米国オレゴン大学付近で開かれる有機農産物の移動マーケット（1999年）

写真Ⅲ-2　米国カリフォルニア州サンタ・クルズの有機農産物を扱うスーパーマーケット、ニューリーフ店内（1999年）

た無農薬栽培や減農薬栽培などいろいろな呼び方がされていた生産物を一括して、特別栽培農産物として、有機農産物から区別することになった。特別栽培農産物とされるものは、栽培期間中に農薬または化学肥料を地域慣行の約5割以下に減らした農産物である。有機農産物の規格はFAOとWHO（世界保健機関）合同の食品規格委員会（コーデックス委員会）によって決められ、日本でもこれにもとづき、2000年から有機農産物とその加工食品についての検査・認証制度が導入された。特別栽培農産物はこれには含まれていない。農薬の5割削減といっても何を基準にするのかなどは、まだ意見の集約ができていない。私は「特別栽培農産物」という仕分けよりも「減農薬栽培農産物」のほうが、はるかに出荷者の意思が消費者に伝わってよいと思う。「特別栽培」を英訳ではどうするのだろう。行政は特別という言葉に特別な思い入れがあるように思う。

世界で広がる有機農業

有機農産物の認証制度は、米国では1996年の「農業法」を受けて導入された。この農業法では、約60年間続いた価格支持政策と生産調整政策を廃止し、代わりに環境保全的な農業を実施する農家に対する直接支払制度の導入と作付けの自由化を認めた。この政策を背景に米国は、日本の米価支持政策や生産調整の撤廃と、輸入関税の引き下げを迫っているのである。欧州ではEU基準の認定制度によって、有機農産物の生産が普及している。これには、アジアと違って畑作と畜産を中心とした農業のなかで、化学肥料の多投による耕土浸食・塩類集積・灌漑水の枯渇・地下水汚染などの生産阻害要因が顕在化し、否応なしに低投入持続型農業への転換を迫られていたという事情

があった（山口 2003）。

　有機農業は1996年には、オーストラリアでは全農地の7％以上、スイスでは6％を占める（Wynen 1996）。米国では農産物の約2％で、カリフォルニア州には有機農産物を専門に扱うスーパーマーケットもある（**写真Ⅲ-1、Ⅲ-2**）。その生産高は1996年約40億ドル（4000億円）、2000年は100億ドル（1兆円）と推定されている。生産高は、年20％以上の成長率を示しており、有機農産物は非有機農産物にくらべ10〜15％高く売れるという。米国カリフォルニア州での規模は数haから100haで、メキシコ人季節労働者を使って人件費を抑えている。なんといってもカリフォルニアの気候条件では病害虫問題が日本にくらべて少なく、稲の害虫といえばイネミズゾウムシぐらいで格段に有利な条件にある（那波 1999）。

　現在あまり広く知られていないが、国をあげて有機農業に取り組んでいるのがキューバである。その取り組みは同国を取り巻く、特殊な政治経済的条件が突き動かしたともいえるが、その可能性を示している点では注目される（Rosset & Benjamin 1994；吉田 2002）。

有機農業の隘路

有機農産物の認証基準

　有機農産物の認証基準はきわめて厳格なため、日本ではその生産量は限られ、流通も産直による生産者と消費者の直接取引が主流である。しかし高温多湿で、農地の規模も小さく、多様な作物が作られている日本では、生産者の高齢化も加わって、この認証基準を満たすことは非常に難しい。いちばん受け入れられやすい条件下にある水稲でも、作付面積の10数％にも達すれば画期的といわざるを得ないのではなかろうか。総合市場研究所によると、2000年の減農薬栽培米は自主流通米の20％、約4万トンに達するが、これを全国の米生産1000万トンに比較するとまだわずかである。しかし消費者の有機農産物指向は強く、そのため海外、例えば中国で有機栽培された農産物が大量に輸入されていることは周知のことである。日本国内で流通している有機農産物のうち国内産はわずか12.7％にすぎない（鹿児島大学・岩元泉　私信）。

　有機農業の問題点として、農薬研究者の西田立樹は、「日本の有機農業の3年以上無農薬・無化学肥料というのは、科学的にも根拠に乏しいうえ、農家サイドからみてもハードルが高すぎる。循環型農業をめざすうえでは化学肥料を極力控え、コストが少し上がっても有機肥料に切り替えるべきであり、また農薬を適度に使う方が収穫も

キューバの緑化革命

窮地に立ったキューバ

　社会主義革命（1959年）以降のキューバの農業形態は、国有化された大規模農地で機械化と農薬・肥料の多投によって、サトウキビを多収穫することであった。こうして生産されたサトウキビを、ソ連に国際価格の5、6倍で買ってもらい、得られた外貨で共産圏の国から米や小麦、石油などの必要なものを買うという「国際分業路線」が農業ばかりか、キューバ経済そのものを支えていた。したがって食糧の自給率は日本と同じ40％程度であった。

　キューバの危機は一言でいえば、食糧と外貨の不足の二重苦である。1980年代末のソ連圏崩壊で、ソ連にたよっていたキューバは、外貨の不足から食糧の輸入量が半分になり、また石油、肥料、農薬などの輸入が50〜80％減った。大まかにはそれまでの50％の資材投入量で2倍の食糧を生産しなければならないという状況に立ちいたった。ソ連崩壊をカストロ政権を倒す好機として、米国は1961年から引き続く経済封鎖の強化を図り、北朝鮮やイランには認めていた医薬品や食糧の輸出まで禁止したのである。

　キューバは大飢饉の危機にさらされながらも、非常事態宣言をして有機農業に近い形でこの危機を乗りきろうとした。有機農業が安定した生産性をもたらすまでには、3〜5年かかるが、キューバの場合にはその余裕もなかった。1992年から1993年の間に、男性は5キロ、女性は3キロ、1994年には男女平均で9キロも体重が落ちるというありさまだった。ソ連圏崩壊までのキューバは、人口はラテンアメリカの全人口の2％にすぎないが、科学者の比率は11％を占めていた。乳幼児死亡率、平均寿命、識字率などからみた生活質的指数は、ラテンアメリカで1位、世界では11位で、米国の15位を上回ることに象徴されるように非常に高い生活水準を達成していた。

有機農業にかける

　キューバは、生産物資の不足を知識・情報の集中的投資で乗りきろうと試みたのである。その中核技術は有機農業であるが、それを実行し危機的な食糧不足を乗りきるためには、各種の社会・経済的な取り組みも必要であった。それまでのキューバでは、小農的な農作業は軽蔑されていた。また野菜もほとんど食べる習慣がなかった。この価値観を変えるとともに、全人口の20％、220万人が住む首都ハバナでは、市域の40％が家庭菜園などの農地となり、わずか10年ほど

で220万都市の消費野菜を有機農業で完全自給するまでに都市農園が成長した。かつては、農村から都市へと人口移動があったが、農村地域での生活条件改善への投資によって、その流れの方向を逆転させる施策も採用された。また都市住民による農村支援のボランティア派遣など、国をあげてこの難局に取り組んでいる。

有機農法の中核技術は、ミミズを利用した土作りと昆虫天敵や微生物天敵、輪作、不耕起、ニーム（ニームの木の抽出物）などの天然物利用で、生産性を維持しようという取り組みである。米国などでいうLISA（Low Input Sustainable Agriculture）方式である。この流れのなかで見逃すことができないのは、キューバの若い科学者の動向である。1980年代に彼らは、ほとんどの農業資材を輸入にたより、それによって病害虫の農薬抵抗性や土壌浸食などの環境公害を引き起こしている「近代農業」のあり方に疑問をもち、生物的防除などの生態学に根ざした農業の方向を模索しだしていた。

当時のキューバの指導的科学者は農薬指向の立場をとっており、これらと真っ向から対立するものであった。1987年にハバナで害虫管理に関する会議が開催され185の発表があったが、その時には大部分の発表は、新しい生態学的手法をめざすものであった。すなわち単作よりも混作、化学肥料に代わって有機肥料やミミズを使った生物肥料、化学合成農薬に代わり生物的防除や生物由来の農薬、またトラクターに代わり、家畜労力を使うこと、灌漑にたよるのでなく自然の降雨を利用するなどの動きである。また大面積の農園よりも、きめ細かくこれらの技術が使える家族経営規模の農業形態への移行が始まった。

中核となった生物的防除

生物的防除はキューバがもっとも力を注いだ分野で、1991年に非常事態宣言が出されたときは未だ8000万ドルの農薬を輸入していたが、宣言後にはこれを3000万ドルにまで削減した。他方1970年代から研究を始めていた生物的防除は1991年には農地の56％に適用され、外貨を1560万ドル節約できるまでになっており、キューバの総合的害虫管理は生物的防除を柱として世界のトップを走ることになった。サトウキビをはじめいろいろな作物のチョウ目害虫やコウチュウ類（イネミズゾウムシ、バナナゾウムシ、アリモドキゾウムシ）、タバココナジラミなどに、ヤドリバエの1種（*Lixophaga diatraeae*）やタマゴバチ類（*Trichogramma* spp.）を、またバチルス・チューリンゲンシス、ボーベリア・バッシアナ、バーティシリュム・レカニ、メタリジウム・アニソプリアなどの昆虫寄生性の細菌や糸状菌を使っている。他国をしのいでいるのはその利

用体制である。これらの天敵は使用するためには大量増殖とその配布が必要である。1992年末には全国に218カ所の天敵生産センター（CREE）が設置され、大卒4名、短大卒4名、高卒7名が各センターで働いている。

　ユニークなのが、日本にも分布するツヤオオズアリを利用したサツマイモの害虫アリモドキゾウムシの防除である。日本では南西諸島で不妊化した雄虫を放飼してこのゾウムシの根絶作戦が進められつつある。アリを利用する方法は古くからの農民の知恵で、これを積極的に取り上げ技術化したものである。このアリの多い林地や果樹園などの場所を保護地として殺虫剤などの散布は禁止する。ここでアリを採集しサツマイモ畑に移すのである。移す方法はいろいろあるがもっとも一般的なのは、手間はかかるが、バナナの幹を適当な長さに切断し、これを保護地におく。幹片には砂糖水をかけ、バナナの葉で覆っておく。アリは餌と湿度に誘引されて巣作りをする。この幹片をサツマイモ畑にもっていき、太陽の光にさらす。アリは乾燥を嫌うので、幹片を捨てて土に巣作りを始め、同時に餌としてアリモドキゾウムシを食う。この方法は非常に有効であるという。ゾウムシ以外の害虫が発生したときは、微生物天敵バチルス・チューリンゲンシス、ボーベリア・バッシアナを使い、化学農薬の使用は禁じられている。

　土壌病害には拮抗菌を用いたり、雑草対策として各種の作物の輪作、不耕起または減耕起、土壌改良のためにはアゾトバクテリアの施用、菌根菌（VAM）による栄養吸収の増進、混作による増収や土壌保護、なかでもミミズを利用して牛の厩肥を分解しコンポスト化している。このミミズの生産物はバーミコンポストと呼ばれ、バーミコンポスト4トン/haは厩肥40トン/haと同じ効果があり、しかも増収するということで広く利用されている。

　このプロジェクトは、国の総力を結集して取り組まなければ、ソマリアで起こったような飢饉を免れ得なかったと思われる。経済封鎖をうけた社会主義国だから、ここまでできたのかもしれないが、同じ状況にさらされている北朝鮮と比較すると興味深い。

表Ⅲ-1 無農薬と慣行栽培の果物、野菜中に検出された農薬濃度別頻度　　　　　　　　　　（%）

農薬検出濃度	無農薬果物	慣行果物	無農薬野菜	慣行野菜
<0.01ppm	14	12	23	16
<0.1ppm	45	51	65	58
<1.0ppm	40	32	10	24
<10ppm	0	2	0	2

(http://www.nouyaku.net/tishiki/SIRYOU 2001)

上がり、技術的にも容易で収量も安定し、農家も取り組みやすくかつ有用だと思う。現在は消費者サイドからの食の安全性という科学的根拠に乏しいイメージに振り回される形で有機農業が定義されている。むしろ将来の食の供給や環境への負荷の少ない循環に目を向けるべきではないか」と主張している（http://www.nouyaku.net）。

　私もこの意見には賛成である。気をつけなくてはいけないのは、有機農法とその生産物は時には厳密に区別して考える必要がある。生協なども含め25万点の果物・野菜の農薬検出濃度の分析結果を無農薬栽培の果物・野菜と慣行栽培のものとでくらべた資料がある（表Ⅲ-1）。検出頻度は両者で大きな違いはないが、慣行栽培では野菜、果物とも1〜10ppmの残留農薬が検出されたものがともに2%ある。このことは、西田の「科学的根拠に乏しいイメージに振り回される形」という主張もまた説得力に乏しいことを示している。

科学的解明を

　ひるがえって生産者は等しく農業資材の多投入を控える農業を志す必要がある。これは環境問題だけでなく、持続的な食糧安全保障のためにも避けて通れない。その兆候はすでに生産者、消費者の両サイドから出ている。ただ農水省が1997年から1998年にかけて行なった農家の意識調査では、農家が環境保全型農業（化学肥料、農薬を50%以上削減した農業）を行なううえでの問題点は、「収量が不安定である」（54.0%）、「労力がかかる（労働がきつい）」（49.1%）、そして「農業所得の低下（単収が低い）」（48.1%）の順となっている。有機農業や減農薬・化学肥料を実行するうえでの問題点を農協指導者に聞いたところ、技術が確立していない（49%）、販路確保と価格に問題がある（48%）、農家の取り組みへの関心が低い（44%）、単収が低く収量が不安定（42%）、生産に労働力が多くかかる（35%）の回答が寄せられた。

　アンケートが示すように、有機農業・減農薬農業とも、具体的な技術情報が不足している。たんに実践体験だけの情報ではなく、因果関係を科学的に説明する知識・情

報が欠けている。農学研究者はこれまで数量化が容易にできる問題にのみ研究の努力とエネルギーをそそぎ、数量化の難しいもの、言いかえれば論文になりにくい問題は研究対象として取り上げることを避けてきた。また地域に根づいた技術や、農家の知識を謙虚に学ぼうとする姿勢に欠けていた。有機農業の実践者は、変わり者扱いをされ、社会的に孤立化すらさせられた。おうおうにして行政はこれを行政の妨害者として敵視すらした経緯がある。有機農業の原理や技術は、慣行農業にも役立つのである。私は独立法人の「有機農業研究所」が設置されてしかるべきだと思う。

有機農業の神話

「農薬の選択的毒性」の項でも述べたが、城所（1999）は、「無農薬の水田がもっとも昆虫の種類が多いと想像していたら、移植後に除草剤だけを用いた減農薬水田のほうが、ユスリカやヤゴの数がはるかに多かった。その理由は無農薬水田では機械除草を行なったため、水を落としたり土壌表面を攪拌することで、水生昆虫たちが耕種的に除去されていたのである」とその経験を述べている。「有機農業についての都会人の神話」と題する有機農業信仰に対する警告がネイチャー誌上に掲載された（Trewavas 2001）。筆者はエジンバラ大学の細胞・分子生物学研究所の研究者である。「信仰」に対する警告を以下に紹介しよう。

有機農業は収量は低いが、高収量を追求する慣行農業よりは環境にやさしく、かつ持続的な農業システムだと世間は信じているがはたしてそうだろうか。有機農業のめざす、肥沃な土壌の維持、環境汚染の回避、輪作の採用、動物福祉の重視、環境問題全体への目配りなどは争う余地もなく大切である。しかし有機農業がこの目的達成のための農法だというには、まだその科学的根拠も薄弱である。

有機農業では化学肥料と合成農薬の使用を禁じていて、そのかわり堆肥や自然農薬の使用を勧める点が慣行農業と違う。このため有機農業では収量が低いうえ、土地の利用効率も悪いので、作物の生産費が高くつく。慣行農業は最先端の知識にもとづいた技術を動員して、安全な食糧を安くかつ豊富に供給することをめざしている。技術には明と暗の部分があるが、暗の部分だけをみて全面否定をするのは、その技術のもつ有益面も捨て去ることになる。

例えば有機農家は機械除草を繰り返し行うことで、畑に造巣しているトリ、ミミズ、各種の昆虫やクモに大きな打撃を与えているばかりか、大量の石油を使い窒素酸化物を環境に放出している。これよりも環境にやさしい除草剤の施用1回と非耕起栽培法を組み合わせた方が、はるかに生物相にも影響が少なく、また土壌の有機質の保持に

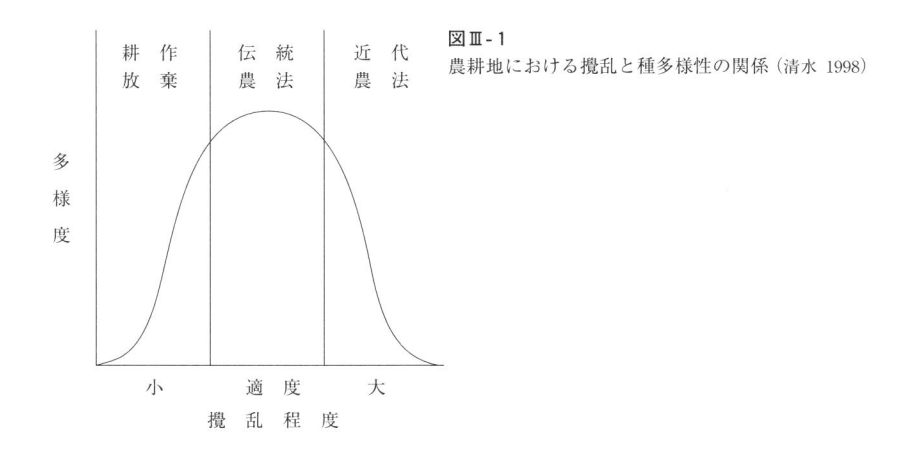

図Ⅲ-1
農耕地における攪乱と種多様性の関係（清水 1998）

（グラフ：縦軸「多様度」、横軸「攪乱程度（小・適度・大）」、上部に「耕作放棄／伝統農法／近代農法」の区分）

も有効である。堆肥の使用によってミミズの密度が飛躍的に増え、作物は味もよく栄養価も高いといわれているが、多数の試験にもかかわらずこのことは証明できなかった。むしろ有機農業の作物は窒素とタンパク質含有量が慣行農業生産物にくらべ低いと結論された。糸状菌に侵された作物には、その二次代謝物のマイコトキシン（カビ毒）が含まれる。マイコトキシンにはフモニシン（fumonisin）とパトリン（patulin）の発ガン物質を含むが、有機農産物はこれらの物質の含有量が高い。

　有機農業で使用している硫酸銅は、肝臓障害をブドウ栽培者にもたらしているうえ、ミミズを殺し、かつ土壌では難分解のため欧州では2002年から使用が禁止されている。ロテノンもパーキンソン病の原因になる。堆肥では緑肥と厩肥が土壌の肥沃性を高めているが、これは一般に行なわれている輪作でも同じ効果がある。農業では作物を収穫して圃場外にもちだすので、それを肥料の形で補充してやる必要がある。有機農業では徐々にカリとリンが不足がちになってきて、最終的にはこれを化学肥料で補う必要がある。

　有機農業と慣行農業の長短をイデオロギーから離れて科学的に評価し、従来の生産指向の価値観を環境重視に軸足を移した農業の確立こそが、われわれのめざすところである。

持続的攪乱によって維持される生物多様性

　Connell（1978）は、熱帯降雨林とサンゴ礁で行なった研究から、規模や頻度において中程度の攪乱のある生育場所でもっとも種多様性が高くなるという「中程度攪乱

表Ⅲ-2　稲作技術の変化（伊藤 1987）

	戦前の一般管理	現在の一般管理
耕　起	牛馬による反転耕（秋耕）	トラクター等によるロータリー耕（春耕）
地下水位	湿田が多い	乾田化
水稲品種	中・晩性（長稈・繁茂型）	早生（短稈・直立葉型）
移植方法	成苗の手植え	稚苗の田植機植え
移植時期	普通期（5～6月）	早期化（4～6月）
施　肥	少肥（堆肥、速効性無機質）	多肥・分施（緩効性化成）
除草作業	田の草取り、中耕、ヒエ抜き	除草剤（年2回）の散布
刈取方法	手刈り	コンバイン、バインダー
稲ワラ	堆肥として利用	生ワラのすき込み、または焼却
冬　作	麦類やナタネなど	特産地域残存

説medium disturbance theory」を提唱した。すなわち攪乱がほとんどない生育場所では、競争力の強い少数の種が競争力の弱い種を排除して圧倒的に優占的になる。他方、攪乱が大きい場所では、攪乱に対する抵抗性が小さい種が絶滅する。このいずれの場合も種多様性は低下する。攪乱が競争種の優占を抑制する程度に大きく、しかも攪乱に弱い種の絶滅をもたらすほどには大きすぎない場合には、種の多様性がもっとも大きくなる。

清水（1998）はこの仮説を農耕地に適用し、耕作放棄地や近代農法では種多様性が低いのに対し、伝統的な農法すなわち有機農法にもとづいた適度の攪乱でもっとも高い多様性が維持されると主張している（図Ⅲ-1）。農耕地における種多様性と管理（攪乱）との関係をみてみると、集約的農業は機械化と化学物質の施用による攪乱の増大である。また休耕や耕作放棄により、従来からの管理がなくなれば、特定種が優占しはじめて種多様性が減少する。

伝統的稲作農法では、移植－株元刈り収穫様式がとられ、耕起－自給肥料施肥－代掻き－手取り除草－手取り収穫といった管理（攪乱）が2000年以上も周期的に実施されたことが、生態系の安定に寄与してきた。農具の発達とともに、第二次大戦を境に農法が大きく変化した（清水 1998）。伊藤（1987）は稲作技術の変化を戦前と戦後で比較し、稲作の機械化、化学化、早稲品種の多肥密植栽培への戦後の転換を跡づけている（表Ⅲ-2）。

有機農業では農薬に代わる防除手段としては、健全な苗作り、土作り、薄蒔き（低い播種密度）、合鴨やカブトエビの利用など注目すべき技術があるが、合鴨やカブトエビになると一長一短でそれぞれの環境条件によってその価値は変わる。日本ではカブトエビはその除草作用が注目されているが、稲を直播栽培する米国では稚苗の害虫

有機農法と生物多様性

合鴨

　合鴨を放して雑草や害虫を防除するとともに糞を肥料にするのであるが、カモが逃げないように羽を切ったり、柵で囲む必要もある。犬猫防止の電線に人が感電した事故もある。カモの取り残した雑草は人の手で除草しなければならない。成長したカモの処分・販売も日本では手間がかかる。水生生物も同時に食いつくすため、カエルやトンボの幼虫が減る。

カブトエビ

　カブトエビは、直播栽培では発芽したての稲苗を食べる有害動物であるが、移植栽培では草取り虫といわれている。利用するには個体群密度をコントロールする必要がある。有機水田には発生しないが、転作を数年行なったのちに水田に戻すと大発生する。80本ぐらいある足で土を盛んに混ぜ、土と一緒に各種の有機物、藻類、ミジンコなどを捕食する。この時の濁りを強化することで除草効果が格段に上がる。除草剤を散布すると濁りが澄む。カブトエビを増やすには、孵化したての幼生が水路に流されないよう代掻き水を捨てないこと。餌である有機物を十分に施すこと。田植え1カ月後には産卵を終え乾燥に強い卵となって休止する。カブトエビ、ホウネンエビ、カイエビはもともと砂漠の生物といわれ、中干し、落水、裏作ができる地帯に多い。だから冬に乾く田ほど都合がよい。もちろん湿田にはいない（宇根 2001）。また紙マルチを使用すると発生しない。貝エビの多発で水が濁って地温が上がらず、稲の生育が遅れる場合もあるので注意が必要である。

ウンカシヘンチュウ

　ウンカシヘンチュウは移動性は小さく年1化性。転作や農薬散布、あるいはウンカの発生が非常に少ないと激減する。したがって、その翌年にウンカが多発生した場合、それを抑える力はない。長期間の無農薬栽培水田にみられる。トビイロウンカ短翅型に寄主率が高く、セジロウンカは寄生されにくい。

アゾラ

　アゾラ（Azolla）はアカウキクサ属の水生の浮草となるシダ植物で、日本にはアカウキクサとオオアカウキクサの2種があり、ともに絶滅危惧種である。アゾラは空中窒素固定能力があり、合鴨と組み合わせて外来種も含めて有機農法に取り入れられている。アゾラは窒素肥料、合鴨の餌、雑草抑制の効果があること

から、アゾラと合鴨農法が一層の注目を浴びている。しかし外来のアゾラを水田で利用するのは、自生種の絶滅や生物多様性の攪乱につながる可能性がある。日本では河川、湖沼の水質浄化のため外来水草（ホテイアオイ、オオフサモ、ボタンウキクサ、コカナダモ、オオカナダモ）が各地で使われている。外来生物がもたらす問題をわれわれは経済と生産性の重視、そして情緒的な対応によって、軽視しすぎてきたことを反省しなくてはならない。

米ぬか・クズ大豆

　米ぬかやクズ大豆を除草のために水田に散布するやり方が注目されている。ぬかは糸状菌や細菌により分解され、水は酸欠状態になる。そのため草の発芽が抑えられ、出たばかりの芽が枯れる。この状態は他の生物にとっても生きにくい。その後ミジンコが田植え後30日前後に大発生する。ミジンコは各種の魚やカブトエビの餌になる（宇根 2001）。クズ大豆に含まれているサポニンには抑草効果があるとされているが、サポニンは水生動物に悪影響が出やすい（城所隆 私信）。

再生紙マルチ

　アレロパシーなど植物に含まれる雑草発生抑制物質を利用した「草をもって草を制する技術」である。東北では育苗は水苗代で行なわれ、苗代は通し苗代（育苗だけに使用し田植えをしない）として大事に管理された。その雑草管理にはオオハナウド、シバ、クズ、タニウツギなどがマルチの材料にされた。また古来の有機農法では堆肥の材料としてマコモを混合すると、雑草の発生を抑えるのに有効であるという（原田 1995）。これとは別に、田んぼに段ボールから再生した紙を敷きながら稲を植える方法がある。土を覆うので雑草や土中で越冬した病害虫の発生を抑える。しかし土の温度が上がらず、稲の成育が悪くなり減収の危険がある。地温の低下を防ぐために、再生紙にカーボンを含ませた「再生黒紙マルチ」が使われる。また再生紙を敷くための専用の田植機も必要になる。

冬期湛水

　元来この管理法は、冬から春にかけて、ワラや刈り株などを分解するこうじ菌や乳酸菌などの低温菌を繁殖させて、稲の養分に利用しようというものである。水を張る前に米ぬかなどを入れたりする。耕起せずに水を張るとスズメノテッポウやコナギも減る。ただクログワイやオモダカが逆に増える問題もある。

　昔は湿田のため冬も水につかった田も多かった。冬期湛水水田によって日本で越冬するガンやカモの休息場所が作られる。湛水によって雑草が抑制され、トリ

> の糞が肥料になる。宮城県伊豆沼を中心に渡来するマガンなどは、夜は浅い沼で休み、日中は沼から10km以内の水田で食べ物を取る。水田地帯にねぐらとなる水面を復元して、新たなガンの生息場所を作ろうという試みが宮城県などで実施されている（日本雁を保護する会）。水鳥がもっとも多くみられるのは休耕田で湛水されていて植生のないタイプで、シギ、チドリ類のほとんどがこのタイプに出現する（前田 1998）。せっかく乾田化したのにということで地元ではトラブルも起こっているようだ（城所隆 私信）。

である。渋江ら（1996）によれば、谷津田に多いヘイケボタルの発生数は、稲栽培の放棄年数とともに減少する。その発生には栽培を通しての持続的攪乱が必要なのである。長谷川（1999）によれば、ニホンアカガエルが15年間みられた水田を耕起放棄したら5年で消滅した。他方では復元した水田では、1年で5倍、2年目には10倍にも増えたという。「人間の働きかけによって形成される自然」を彷彿とさせる観察である。

　わが国の水田雑草は43科191種が記録されている。そのうち日本固有種はわずか2種である。1940年代までの2500年間は、わが国の水田雑草相は変わらなかったと考えられている。これは畑作雑草ときわめて対照的である。ところが1950年代以降約20種、主にアメリカ大陸からのものが帰化している（森田 1990）。絶滅が危惧される種としてレッドデータブックには26種の水田雑草が含まれ、その多くが水生植物で生育地の消失が除草剤より比重の大きい原因とされている。

　したがって地域の生物の多様性を考えると、農法の画一化ではなく、個々の田んぼの農法が違うような農法そのものの多様性が、地域レベルの多様性を保存するのである。以下に農薬に代わる防除手段、生物多様性を保全するとして提案・実行されている個々の技術について、その長短を参考のためにあげておく（コラム参照）。

スクミリンゴガイの功罪と管理

　スクミリンゴガイ（俗称：ジャンボタニシ）は南米原産の淡水巻貝である。日本には台湾を経由して1981年に養殖用に導入され、最盛期には500カ所ほどの養殖場があったが、1985年頃にはほとんどの業者が廃業した。茨城県以西の水田に発生し、九州を中心に水稲初期の有害生物として被害が大きい。分布の拡大には、貝自身の移動や

洪水などのほか、水田圃場基盤整備の際の土壌混入、ペットとして飼育された貝の逃亡、また除草剤の代用に農家が放飼した場合など、人為的要素が大きく関与している。

　本種は軟らかい植物を食べるので、田植え後2〜3週間だけに被害が出る。したがってこの期間、水田を浅水に管理すると、貝の活動が鈍り被害が回避できる（和田2002）。湛水直播栽培では播種後の落水は被害防止に効果が高く、2〜3週間落水すると90〜95％苗立ちが確保される。もし播種直後もしくは4日後に湛水すると貝の加害でまったく苗立ちができない。また水温の関係からか移植期を早めると被害が少ない。佐賀県では6月10日植えでは苗の被害はゼロなのに、20日植えでは50％の被害を受け、補植が必要であった。

　貝を除草に使おうという試みもある。稚苗ではなく、成苗を植え、足の甲が浸かる程度の「ひたひた」水にすれば簡単に益虫になる。そのためには田面の均平化を高めるために耕地整備をしっかりしないといけない。貝の越冬死亡率は85％ぐらいで、小さい貝の死亡率が高い。越冬後は殻高1〜3cmぐらいの貝が残り、これが除草に利用するのに適している。1〜3cmの浅水にすると殻が水面上に出て動きはきわめて鈍い。殻が水の下につかってしまうと動きは激しくなる。水を落としすぎると草を食わないので、ひたすら浅水にすることである。入水後5日間の短期間にほとんどの貝が出現する。除草剤を撒くと草がなくなるから、稲が集中的に加害される。福岡県前原市では、貝を利用した除草面積は250haにのぼり、JA糸島では除草剤を利用しない「稲守貝米」として高価格で販売している。

　三重県では貝の捕殺、地域の一斉薬剤散布でほぼいなくなっても、数年するとまた殖えるという経過を繰り返してきた。そこで、本田では薬剤防除と捕殺、河川・用水池・レンコン畑等の水系では"養鯉"を行なって密度低下を図るという二段構えの方法をとった。約30cmのニシキゴイを放したレンコン畑では養鯉前は大小さまざまの貝がいたが、翌春、入水後の調査では、コイの口に入りきらない超大型の個体が少数確認されたのみである。コイの放飼は、時間とともに小貝が減少し防除効果が大変大きい。コイ以外でも多くの在来の生物（魚、カメ等）が貝を捕食する。水路などで、いつも（いつもが重要。一時期に天敵がいなくなると、貝は多くの天敵が捕殺可能なサイズより大きくなり、実質、天敵フリーとなる）天敵生物が生息できる条件があれば貝の密度は低減できると考えられる。

　静岡県焼津市など広範囲に貝がいる地域では、田植え後、貝を全部拾わないで少し残しておくことで除草効果をねらっている。貝がいる田んぼはヒエがほとんど生えないうえ、稲の無効分けつの部分を食ってくれるので稲にとってもよいのではないかと

思われる。稚苗植えでは、田植え後2週間だけ水と貝の管理をしておけばあとは益虫（貝）と位置づけている。ただし、これはあくまで撲滅が不可能な既発生地域でのことで、新たに発生がみられ、かつ1～2枚の田で発生が止まっている段階なら、石灰窒素100kg/10aの施用で根絶できるが、ヘクタール単位で広がっている場合は無理である。つまり、既発生地域では貝の個体群管理を、新発生地では根絶をという二段構えの対策をしている。

有機農業の未来

ウンカの発生しない有機田

　岡山市内で20年間、有機農法で栽培されている稲は農薬を一切施用しないにもかかわらずウンカ類の被害をほとんど受けたことがない。この農家は、前年収穫後の水田に稲ワラ全量、鶏糞、菜種粕を施用する。成苗を手植えし、中干しは行なわず、深水の湛水状態を維持し除草は機械または手で行ない、除草剤も含め農薬は一切使用していない。

　岡山大学大学院生の梶村（1994）はその理由を明らかにするため、通常の化学肥料区、移植前に化学肥料の代わりに鶏糞を施用する区、および無肥料区を設けた。その他の肥培管理は慣行にしたがった。これら慣行栽培と20年間の有機栽培田との比較を行なった。稲の品種はすべて有機栽培と同じアケボノを用いた。3カ年にわたってトビイロウンカの発生を、毎年侵入世代から第3世代成虫の羽化まで調べた。驚くべきことに、有機栽培田では、トビイロウンカの発生は3カ年とも慣行栽培田のおよそ100分の1であった。これに対し、慣行栽培田の鶏糞区においては化学肥料区よりもウンカの密度が毎年高かった。化学肥料を有機肥料に変えたというだけで有機農業ができるわけではない。慣行栽培田では殺虫剤を撒かなかったため全面坪枯れで、著しい減収になった年もあった。さらに有機栽培田での収量は県下の平均栽培田の90％であった。有機栽培では移植間隔が広く、稲の初期の分けつが抑えられるので、初期のウンカの侵入数が少なくなる傾向がみられた。稲の化学組成をみると、有機栽培稲のアミノ酸の総量は、化学肥料区の稲にくらべ15～30％少なく、さらにウンカ類の摂食刺激効果をもつアスパラギンの濃度が4分の1から5分の1と少ない（Kajimura *et al.* 1995）。有機栽培田ではこれらの稲の栄養条件の違いが、ウンカの増殖を抑えたものと考えられている。成育初期に、窒素の効果をひかえめにしてゆっくり肥効させ、最終的に有効分けつを確保するように肥培管理をすれば、害虫は発生しにくくなるとい

う（中筋 1997；2003）。

　愛媛大学の日鷹一雅は、茨城県、広島県、岡山県などの各地で有機・自然農法の実態調査を行なった。自然農法は、ワラ、山野草・落葉・落枝などの植物質の堆肥のみを用いるのに対し、有機農法では堆肥に加え、家畜の糞尿、厩肥や下肥も用いる。収量も初めの数年は慣行栽培に劣るが、数年以上続けていると安定してくるという。1987年には広島県の同一農家の13圃場のうち数圃場で、他の農家では4圃場のうち1圃場でトビイロウンカの坪枯れなどの被害がみられた。圃場の履歴を調べてみると、すべて前年までは野菜や大豆を作っていた日の浅い転換田であった。

　自然・有機農法でトビイロウンカの被害が少ないことを率直に認めない学者もあるが、日鷹はこれは的はずれだという。なぜなら、トビイロウンカの増殖と被害は主として株間の移動すらままならない短翅型雌成虫によっている。したがって、本種は異なる農法での生物群集を比較するのには適しているという。慣行農法との生物群集の違いで目立ったのは、自然農法ではツマグロヨコバイやただの虫のトビムシやユスリカなどの土着種が多いのに対し、慣行農法ではウンカのような移住種が優先的であった。他の大きな違いはウンカシヘンチュウの密度である。このセンチュウは移住性のトビイロウンカ、セジロウンカに寄生するウンカに特化した年1化性、定着性の寄生虫である。前年のウンカの発生が少ない圃場では、ウンカシヘンチュウの密度も低い。自然農法に転換してからの日の浅い圃場では、ウンカの発生を抑えるだけのセンチュウがいない。経験的に10年以上自然農法を継続している圃場でのウンカの発生が少ないのは、ひとつにはこのセンチュウの働きがあるからだと考えられる（日鷹・中筋 1990）。

ウンカ・ヨコバイ類と媒介ウイルス病の減少

　第Ⅱ章の「ニカメイガの減少――無意識のIPM」の項に、無意識のIPMの結果としてニカメイガは今では試験研究の材料にも差しつかえるほどに減少したこと、その原因が「米一俵増産運動」に動員された各種の農業技術や耕種条件にあることを述べた。またこれは日本ばかりでなく、アジアの近隣諸国でも共通にみられる現象である。第Ⅴ章の「水田の成り立ちと生物」でもふれるように、20～30年前にはニカメイガに代わって、侵入害虫のイネミズゾウムシとともにツマグロヨコバイやヒメトビウンカによる吸汁害や、これらの昆虫によって媒介されるウイルス病が水稲栽培の重大な生産阻害要因であった。それが最近では日本全土を通じてだんだん下火になってきている（図Ⅲ-2）。このような広域的な現象は、個々の地点や地方では全体の傾向とは必ずし

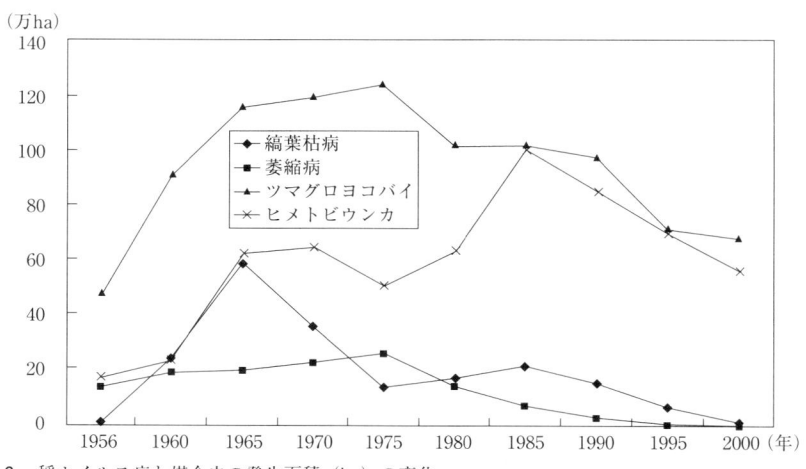

図Ⅲ-2　稲ウイルス病と媒介虫の発生面積（ha）の変化
　　　　縞葉枯病はヒメトビウンカが、萎縮病はツマグロヨコバイがそれぞれ媒介する稲ウイルス病で、30〜40年前には大流行した

　も一致しないため、少なくとも10年単位ぐらいでないと検出できない。地球温暖化が確実に進んでいるとしても、その傾向を読み取るためには、数十年の継続観測が必要なことからも理解できると思う。

　この第2次の重要害虫の衰退原因は、農薬を育苗箱に処理するいわゆる箱施用が、残効性の高い殺虫剤の開発とともに普及した結果と一般に考えられている。もちろんこの前提として、1970年代に手植えに代わり、機械植えが急速に普及したことがある。中筋（2003）は、コンバインの普及とともに、秋の収穫時に稲ワラが切り刻まれて水田にばらまかれている現象に注目している。2001年の稲ワラの水田へのすきこみは、全国レベルでは約70％に、北陸では93％に及んでいる。これはある種の有機栽培ではないかと彼は考えている。これと並行して、水田への化学肥料の投入量も、窒素量で1985年当時にくらべ全国で70％に、北陸では50％に減少している（図Ⅲ-3）。これらの水田をめぐる大きな変化は、1990年代になって始まっている。窒素投入量の減少は食味のよい米を生産するためともいわれているが、稲ワラのすきこみの増加による肥料バランスもかかわっているのだろうという。稲の生育初期の窒素過多は、各種の病害虫の多発生をもたらす。また炭素含有率の高いワラの投入は、土壌の窒素供給能力の低下をもたらすという。平成になってからの稲作環境の変化は「第二の無意識のIPM」を実行したことになるのであろうか。

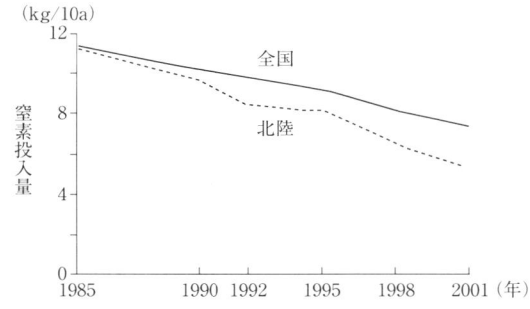

図Ⅲ-3
水田への窒素の投入量の年次変化（農林水産省統計）（中筋 2003）

抵抗性品種

　稲の病害虫対策として、戦後の日本では農薬に依存し、抵抗性品種の研究はほとんど陽の目をみなかった。時間と労力がかかり、どちらかといえば地味な研究は、当時の農薬の華やかさとは好対照で衰退の道をたどった。日本応用動物昆虫学会での1957～1961年の5年間の講演発表で農薬関係の発表は、全講演数のじつに33％を占めている（伊藤 1975）。現在では3％前後であり、隔世の感がある。

　他方、農家所得の低い熱帯アジアでは、抵抗性品種の育成によって、農家の防除費用の軽減を図った（表Ⅰ-8、Ⅰ-9参照）。抵抗性品種は、有機農業でも、IPMでも重要な基幹技術である。1980年代からわが国でも日本稲のツマグロヨコバイ耐虫性系統の育成が試みられ、1990年代には、愛知97号（ツマグロヨコバイ、トビイロウンカ、縞葉枯病、萎縮病抵抗性）や彩の夢（ツマグロヨコバイ、縞葉枯病、萎縮病抵抗性）が育成され、普及に移されている。

　ヒメトビウンカによって媒介される縞葉枯病には、1980年には「むさしこがね」が抵抗性品種として埼玉県で導入され、その後抵抗性の各種の品種が加わり、1987年には全作付面積の75％を占めるにいたった（図Ⅲ-4）。その効果は明らかで、増収ばかりか、発生面積も減少し、ヒメトビウンカの縞葉枯病ウイルスの保毒率は、1980～1985年の15～20％から1987年以降は5％未満で推移している。現在はうまい米指向のため、縞葉枯病感受性の「コシヒカリ」の栽培面積が増え、抵抗性品種の作付面積は50％を割っている。それでも縞葉枯病の発生はほとんどみられないまでになっている（神田 1997）。

　同様な例はいもち病抵抗性品種でもみられた。それは宮城県古川農業試験場で育成されたササニシキBL（流通名はささろまん）である。すなわち異なる真性抵抗性遺伝子を組みこんだササニシキ（現在7系統）の種子を一定の比率で混合して栽培する

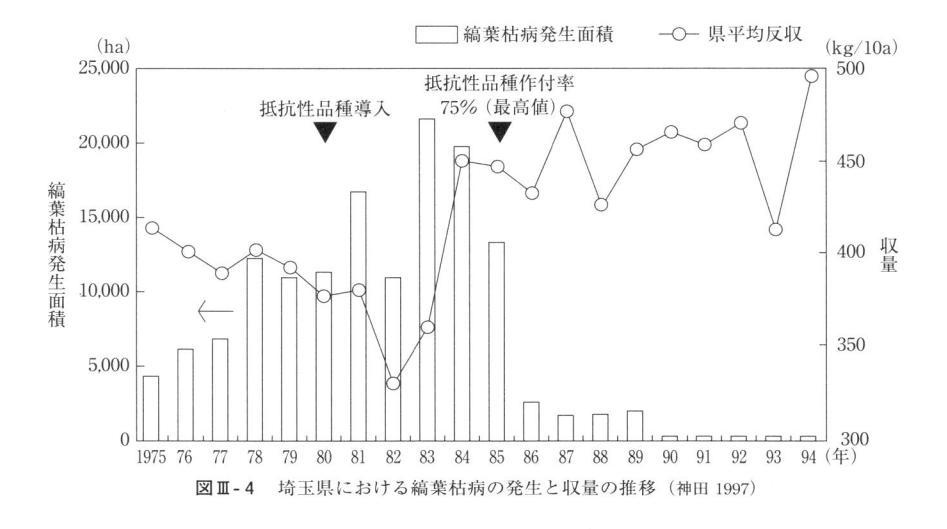

図Ⅲ-4 埼玉県における縞葉枯病の発生と収量の推移（神田 1997）

方法で、世界で初めて実用化された（Sasahara & Koizumi in press）。一時は県下で5000haを超えるにいたったが、その後ササニシキ自体の人気の低迷とともに500ha程度に減少している。そのため宮城県ではひとめぼれBLを、新潟県ではコシヒカリBLを開発中である。

　埼玉県では縞葉枯病抵抗性品種の作付面積の割合が100％に近いところまで増えることを期待していたと思う。「うまい米」指向はこれを妨げた。しかし、もし期待が実現していたら、新しいバイオタイプのウイルスが出現する危険ははるかに大きかったはずである。新バイオタイプの出現を阻止するため、どの程度に感受性品種を混作するべきかは、導入遺伝子の性質や対象害虫の移動性、またバイオタイプの遺伝子頻度や優性度などによって異なるが（表Ⅱ-5参照）、Bt（バチルス・チューリンゲンシス）毒素遺伝子の組み換え体作物では5〜20％の感受性品種の同時栽培が必要とされている（Shelton et al. 2002）。抵抗性品種を導入する場合は、こうした観点からの地域の長期的モニタリングが望ましい。

遺伝子組み換え稲

　抵抗性品種との関連でもっとも注目されるのは、遺伝子組み換え稲の問題であろう。従来の品種改良では、交雑によって望ましい遺伝形質を集積して、遺伝的に均一な固定系統を育成するまでに7〜10世代が必要とされる。遺伝子組み換え育種では、目的

とする遺伝子のみを改良の進んだ品種に導入することにより、短期間で比較的少ない個体数から目的の個体を育成できる（大川 2001）。現在、アジアの各国で新しい多収性品種（New Plant Type：NPT）にメイチュウなどのチョウ目抵抗性を付与するためBt毒素の遺伝子を導入した品種の、天敵や他の「ただの虫」などへの影響調査が行なわれている。

　遺伝子組み換え作物に対する消費者の漠然とした不安や誤解があることも事実である。ひとつは国際的な多国籍種苗・化学会社が遺伝子組み換えトウモロコシや大豆の生産・販売を一手に握っていることである。食糧をこれらの少数の私企業に支配されることによる食糧安全保障上の不安である。

　第二は、遺伝子組み換えそのものによる作物の食品としての安全性である。しかし自然界でも遺伝子組み換えは普遍的にみられる現象であり、遺伝子組み換えを行なったかどうかではない。必要なのは遺伝子を導入した品種の特性、導入した遺伝子の特性、機能、そして得られた組み換え体の特性や利用目的などについて、安全性を慎重に検証することである。また緑の革命で経験したように、新しい品種の利用がもたらす、社会的・経済的波及効果にも十分に目を配る必要がある（National Research Council 2002）。

　第三の問題は、遺伝子組み換え作物と近縁の野生種との交配による導入遺伝子の拡散である。メキシコ南部はトウモロコシの多様性の中心地であり、原種の遺伝子プールである。Quist & Chapela（2001）がメキシコでの組み換え体トウモロコシの栽培によって、導入遺伝子がすべての在来品種に広がっていることをNature誌上に発表するや、この報告は世界を揺るがした。その後トウモロコシの野生種といわれている亜種のテオシントにも取りこまれていることがわかった。この導入遺伝子拡散は、時には近縁野生種の減少を通じて生物多様性を脅かすことも明らかになってきた（Haygood *et al.* 2003）。

　有機農業では組み換え体作物の栽培は認めていない。開発研究手段としての長所は認めるとしても、栽培や輸入については十分な慎重さが必要である。稲の多様性の中心地の中国・雲南地方などでの組み換え体稲の栽培や試験は花粉分散の危険もあり、控えるべきであろう。

非有機農業との共存

　有機農業の目的は人さまざまである。生産物に付加価値をつけることによって競争力をつけようとする人、安全で美味しいものを生産しようという人、環境にやさしい

害虫の人為的な他国への侵入

コロラドハムシのエピソード

　コロラドハムシ（*Lepinotarsa decemlineata*）は、メキシコ南部原産で、ジャガイモを加害するまでは、ジャガイモの野生種、トマトダマシ（*Solanum rostratum*）を食草にしていたが、この寄主植物とともに北上し、ロッキー山脈南東部に達した。北米では1824年に発見され、1859年頃ジャガイモに食性転換をして、19世紀中頃に急速にカナダを含む北米に分布拡大した。1874年には太平洋岸に達した。

　1840年代にジャガイモの疫病が流行し、アイルランドで150万の餓死者が出た。そのため英国ではこの虫の侵入にはことのほか神経をとがらせていた。1877年には英国とドイツはこの虫の侵入防止のための法律を制定している。それにもかかわらず、第1次世界大戦後の1922年、フランスのボルドーで本虫の被害が発生、1939年にドイツ、1945年にはドイツ中央部に、1953年には東ドイツ、1959年にはポーランド、ソ連にも侵入した。1991年にはロシアの沿海州にまで達している。東周りで地球を一周し、やがては北海道に侵入しジャガイモ生産を脅かすのも時間の問題かもしれない。

　英国ではしばしば局地的な発生がみられているが、精力的な防除によってそのつど根絶している。第2次世界大戦直前（1939年頃）、ドイツ農業省は英国がドイツの馬鈴薯栽培地帯にコロラドハムシの幼虫を航空機で撒いたという噂を流して、英国を非難した。冷戦の最中には、米国が東ヨーロッパにコロラドハムシを投下したとしてソビエト連邦が抗議をし、ソ連のマスコミは「ウォール街からの6本足の大使」として報道した。1967年8月25日のロンドンタイムズは、農業団体に送りつけられてきた「19匹のコロラドハムシの謎」として、差出人不明のマッチ箱入りのコロラドハムシのことを報道している。こうしてコロラドハムシは第1次、第2次世界大戦、そののちの冷戦時代に話題をふりまきながら、しっかりと欧州に根を下ろすことになった。

（桐谷圭治　2000　世界を席捲する侵入害虫　インセクタリウム 37：224-235より）

農業をめざす人などそれぞれの個人的動機は違う。ただ農薬も化学肥料の助けもなしに食糧の自給を含む「食糧の安全保障」を確保できるかといえば、そのためには、消費者もそれ相応の高価格の食糧といささかの耐乏を覚悟しなくてはならない。

たとえこれらを受け入れても、高齢化が進む農村でそれだけの労働力が確保できるだろうか。また食糧輸入にともなって侵入する新病害虫の被害を、農薬なしに許容範囲にとどめうるか。二酸化炭素ガスの高濃度化は、地球温暖化による侵入病害虫の機会を増加させるばかりか、作物のC/N比（炭素－窒素比）を大きくし、栄養価を低下させる。これを補償するためにはNの施用が欠かせない。また収穫による窒素の耕地外への持ち出しは、なんらかの形で補給しないかぎり農地は痩せていく。窒素を空中窒素から固定して取りだすほうが環境にやさしいともいえる。

私たちは基本的には、化学的農業資材とも共存の道をとらざるを得ない。その妥協点を科学的に探るのがわれわれの務めである。

第Ⅳ章　施設栽培の生態学

農業生態系と害虫相

　農業生態系の害虫相は、作物の種類と作物を中心に形成されている農業生態系の特性、すなわち、安定性、永続性の度合い、自然からの隔離度（人工度）によって決定される。ここでは6種の代表的な農業生態系を、安定性が高く、隔離度の小さいものから順に、ミカン、リンゴ、水稲、畑作物（露地野菜）、施設野菜、貯蔵穀物に配列した（表Ⅳ-1）。それぞれ、ミカンは常緑永年作物、リンゴは落葉永年作物、水稲は連作できる一年生作物を代表し、露地野菜を含む畑作物は、一年生作物で連作を避ける作物を意味する。施設野菜では、さらに収穫から次の植え付けまでに土壌燻蒸などの処理を行なうばかりでなく、外界から隔壁で仕切られている。貯蔵穀物にいたっては生態系の概念すら適用できないほどの人為的生態系と位置づけることができる。

　温帯圏では、それぞれの農業生態系に発生する害虫は、移動性、休眠性、繁殖型などから特徴づけることができる。もっとも日本応用動物昆虫学会が編集した『農林有害動物・昆虫名鑑』によれば、ミカンだけでも241種（昆虫223種）もあげられていて、個々にみると例外もある。常緑のミカンは永年作物であるため、食植性の昆虫にとって冬も食物が存在するばかりか、生息場所としても安定している。したがって、ここ

表Ⅳ-1　温帯圏における各種の農業生態系と害虫の生活史特性

農業生態系の種類	作物と栽培形態	害虫の生態特性
開放系		
常緑永年作物	ミカン園	休眠または非休眠型で定住性
落葉永年作物	リンゴ園	休眠型で定住性
一年生作物の連作	水田	休眠型で定住性と非休眠型で移動性
一年生作物の輪作	大豆、野菜畑	休眠型で定住性と非休眠型で移動性
閉鎖系		
一年生作物の施設栽培	野菜のハウス栽培	非休眠型で定住性、単為生殖型
貯蔵システム	倉庫・サイロの貯蔵穀物	非休眠型で定住性

表Ⅳ-2　移動性昆虫の特性

種　名	食　草	休　眠	日本で越冬	海外飛来
ハスモンヨトウ	大豆など	なし	する	一部あり
タマナギンウワバ	十字科野菜	なし	する	しない
ハイマダラノメイガ	十字科野菜	なし	する	しない
コナガ	十字科野菜	なし	する	可能性あり
アワヨトウ	牧草・稲	なし	する	する
コブノメイガ	稲	なし	沖縄で可	する
トビイロウンカ	稲	なし	不可	する
セジロウンカ	稲	なし	不可	する

ではヤノネカイガラムシ、ミカンクロアブラムシやミカンハダニのような定住性の昆虫（ダニを含む）が休眠または非休眠の状態で越冬する。

　リンゴはすべて1875（明治8）年に米国から導入されたため、当初は苗木に付着して侵入したカイガラムシ類が主なものであったが、やがて近縁の日本の土着植物種を寄主としていた昆虫がリンゴにも食性を拡大し、現在の害虫相を形成している。『農林有害動物・昆虫名鑑』によれば、248種（昆虫230種）が発生する。冬期は落葉するので、キンモンホソガやリンゴハダニのように定住性の休眠型の種類が主流を占める。

　水田、大豆、露地野菜畑は一年生作物のため、冬期は暖地の露地栽培を除いて作物は存在しない。定住性の種は休眠状態で越冬するのに対し、植え付けとともに外部から移住してくる昆虫にはトビイロウンカ、アワヨトウなどのように休眠をもたない種類が多い。移動性昆虫のなかには日本本土で越冬できないものもある（表Ⅳ-2）。水田には、害虫ではないがこれ以外にも重要な昆虫相として、止水性の水生昆虫が自然湿地の代替地として水田を利用している。その多くは年1化性である。

　以上は開放系の農業生態系の害虫相であるが、閉鎖系としては施設栽培と穀物の貯蔵施設がある。ここでは一部の例外はあるものの、定住性で休眠性をもたないものが大多数を占めている。施設は近年になって出現した新しい環境で、オランダでは農薬や肥料を施設外に出さないようにするため、施設生産を閉鎖系で行なうことが法律で定められている。非休眠性、多化性、多食性、吸汁性、単為生殖型の小型の熱帯、亜熱帯起源の侵入害虫が多いのも際立った特徴である。日本ではオランダなどにくらべ、春や秋の外気温が高く施設が開放され露地害虫の侵入もあり、半閉鎖系に近い状況もみられる。しかしセイヨウオオマルハナバチの利用などは閉鎖系を前提にしているのである。これについては以下の章で詳しくふれる。

世界3位の施設園芸国

施設栽培の始まり

　日本の農業のあり方を考えるうえで水稲栽培と施設栽培は、その性格においても2つの対極を示している（表Ⅳ-3）。ここでは施設栽培を取り上げ、その生態学的特性を害虫管理の側面から考えてみたい。野菜の栽培は1950年頃までは露地栽培で旬の時期にのみ行なわれた。1950年代後半になって、プラスチックフィルムの普及にともなって各種農作物のいわゆるハウス栽培が普及した。さらに加温装置、灌水装置、換気装置、連作障害防止などの技術の発達とともに、ガラス温室と並んで急速に増え、今では施設面積は世界第3位になっている。ちなみに第1位は中国、2位はイタリアである。露地と施設栽培によって野菜の周年生産・供給の体制が完成された。

　施設で栽培される作物は、各種の野菜、花卉、果樹であるが、その中心になっているのは、キュウリ、トマト、ナス、ピーマン、イチゴなどの果菜類、最近ではニラやネギ、チンゲンサイ、ホウレンソウ、コマツナ、シュンギク、ミツバなどの葉菜類、花卉ではキク、バラ、カーネーション、ユリ、果樹ではブドウ、ミカン、マンゴーなどである（写真Ⅳ-1）。

農業生態系とは

　農業生態系を簡単に定義すれば、「農地における生物群集と環境をひとつのまとまりとしてみた系」である。農地では作物（生態学的には生産者）の生産効率を上げるため、遺伝的に同じ系統・品種を大規模に栽培する。農地では耕起、施肥、除草によって生態学的遷移の進行を初期段階にとどめる努力がなされる。生産物は都市住民や畜舎の家畜によって消費され、消費者不在の農地が多い。さらに消費者の一部を構成している動物や昆虫、菌などは有害生物として農業生態系では排除される。また収穫後の残渣は焼却されたりして、自然の分解者（ミミズ、細菌、フン虫など）の役割は軽視されやすい。このため生物群集も自然生態系にくらべ種数も少なく、食物連鎖網も単純である。また不安定な系を維持するために機械、肥料、農薬などの技術を投入して強力な管理が行なわれる。

表Ⅳ-3　施設栽培と水稲栽培の比較

		施設栽培	水稲栽培
農業生態系		畑地の物理的な半閉鎖系	水系に依存する開放系
		装置利用型	土地利用型
		情報集中型	伝統農法の見直し
		冬期は高温・短日	冬期は低温・短日で休閑期
生物相		単純で天敵不在	複雑でただの虫の水生昆虫も生息する
	作物	野菜・果実・花卉	稲
	害虫	熱帯・亜熱帯産の非休眠型	温帯圏の休眠型と非休眠型の長距離移動性昆虫
		侵入昆虫が優占種	土着種が優占種
		ほとんどが多化性	1化と多化性
		薬剤抵抗性が発達しやすい	施設に比べ発達しにくい
	ウイルス病	侵入昆虫が媒介する新ウイルス病	土着ウンカ・ヨコバイが媒介するウイルス病
管理	目標	IPM（総合的有害生物管理）	IBM（総合的生物多様性管理）
	手段	天敵、送粉昆虫、選択性農薬、物理的資材	抵抗性品種、土着天敵、選択性農薬
	農薬（1998年）	施設野菜：18.8回、59kg/ha（有効成分）	8.0回、6kg/ha（有効成分）
	天敵	基本的に導入天敵で、生物農薬的利用	土着天敵の環境改善による働きの強化
環境問題との関連		地球温暖化の先取り	自然湿地の代替地

写真Ⅳ-1　沖縄県におけるマンゴーの温室栽培

輸入生鮮農産物の増加

　わが国の農産物輸入は、その経済発展に応じて、質、量とも増加しており、最近では生果実、野菜、切り花が多数の国から輸入されている。また輸送手段も海上貨物のコンテナー化、冷蔵コンテナーの使用、航空貨物輸送などにより、これまで輸入が不可能であった生鮮農産物が世界各地から迅速に輸入されるようになった。なかでも切り花は過去20年間に輸入量が150倍にも増えている。現在、輸入切り花が国内出荷量

で占める割合は10%を超えている。国別では、ランはタイ、キクは韓国とマレーシア、ユリは韓国からが多い。切り花に次いで野菜、球根などの栽培用資材の輸入が急増している（**表Ⅳ-4**）。これらの輸入農産物の激増は、当然のことながら各種の外来昆虫のわが国への侵入・定着をもたらしている。とくにアザミウマ、アブラムシ、コナジラミ、カイガラムシ、コナカイガラムシ、ハモグリバエ類で施設の害虫になっているものが多い。

施設栽培の特徴

施設野菜を中心とした農業生態系は露地野菜の場合と多くの点で異なる（**表Ⅳ-3**）。すなわち、(1)ガラスやビニールにより外界から仕切られた閉鎖環境である。(2)風雨の影響を受けない。(3)栽培期間が主に冬期であるため短日条件で透過光量も少ない。(4)栽培期間中の温度較差が少なく高温で安定している。湿度は昼間50〜60%、夜間95〜

日本人の栄養

わが国の食生活は1980年代にはタンパク質、脂質、炭水化物のバランスがとれた、いわゆる「日本型食生活」であった。ところが近年では外食などの食習慣の変化から、1人当たりの1日の野菜摂取量は、平均で270g程度にとどまっており、目標値の350gをかなり下回り、野菜の摂取不足が目立っている（1999年度厚生労働省「国民栄養調査」による）。

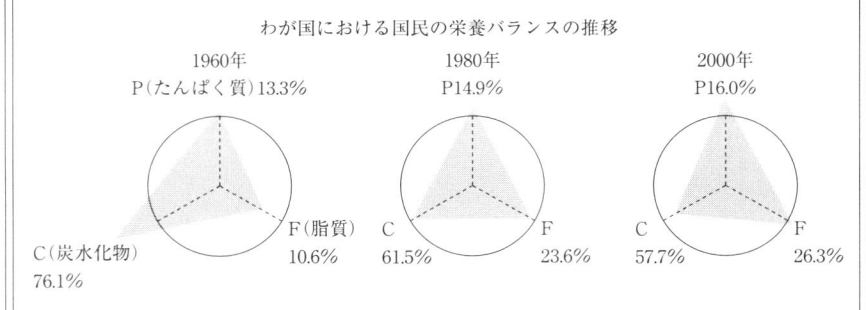

わが国における国民の栄養バランスの推移

1960年	1980年	2000年
P(たんぱく質)13.3%	P14.9%	P16.0%
C(炭水化物)76.1%	C 61.5%	C 57.7%
F(脂質)10.6%	F 23.6%	F 26.3%

資料　厚生労働省「国民栄養調査」「日本人の栄養所要量」
註　適正比率は、P：たんぱく質13%、C：炭水化物62%、F：脂質25%（18歳以上の加重平均）

表Ⅳ-4　輸入植物の検査数量の推移(1970～1998)(農水省)
球根、切り花、野菜の輸入が急増している

		1970	1975	1980	1985	1990	1994	1998(年)
栽培用植物								
草花苗など	10^6個	10	12	7	23	67	166	221
花卉球根	10^6個	13	42	78	79	191	395	632
植物種子	10^3トン	12	11	21	28	31	28	25
切り花	10^6本	—	9	84	122	358	808	1376
生果実	10^3トン	997	1268	1254	1323	1487	1756	1528
野菜	10^3トン	35	72	256	278	470	975	1203
穀類	10^6トン	16	20	26	28	28	31	28
豆類	10^6トン	4	4	5	5	5	5	5
嗜好・油脂品	10^6トン	2	2	3	5	8	8	9
材木	10^7m^3	4	4	4	3	3	2	2

100％となる。(5)果菜類では成育末期まで栄養生長と生殖生長が並行的に進行するため、害虫の栄養条件が好適である。(6)作期は1年以内で、収穫と次の定植までに土壌燻蒸や太陽熱処理（蒸し込み）が行なわれる。(7)作物と施設内に侵入した害虫で構成される比較的単純な生物群集で、通常害虫は天敵不在の状況におかれる。

施設の害虫相

半数が侵入害虫

　施設内の高温・短日という条件は、温帯圏の昆虫がその進化史上で遭遇したことのないまったく新しい環境である。したがって施設内の害虫相は同一作物でも露地の害虫相とは異なる。また施設内には天敵も少ないうえ、初期の侵入種には競争種も存在しない場合が多い。物理的環境条件も好適なため、害虫はしばしば指数関数的に増える。このため農薬投入量も露地の2倍ぐらいになる（表Ⅱ-12参照）。施設は閉鎖的環境であるため、害虫に薬剤抵抗性が発達する可能性は露地よりもはるかに高い。施設は生態学的には、大海に新しく生じた食物の豊富な無人島のようなものである。したがって施設栽培の先進国オランダでは、施設病害虫40種のうち30種以上が侵入種だという（van Lenteren 1993）。

　日本では施設害虫とされている約20種のうち、その半数は外来の侵入害虫である。施設栽培が普及しだして約10年たった1974年に、最初の侵入害虫オンシツコナジラミが発見された（表Ⅳ-5）。それ以後次々とコナジラミ、アザミウマ、ハモグリバエ類

表IV-5　施設の昆虫・ダニ相（外来種と在来種）

外　来　種	発見／導入年	在　来　種
オンシツコナジラミ	1974	ワタアブラムシ
イチゴコナジラミ	1974	モモアカアブラムシ
ミナミキイロアザミウマ	1978	ハスモンヨトウ
キンケクチブトゾウムシ	1980	オオタバコガ
トマトサビダニ	1986	シロイチモジヨトウ
シルバーリーフコナジラミ	1989	ヒラズハナアザミウマ
ミカンキイロアザミウマ	1990	ナスハモグリバエ
マメハモグリバエ	1990	ナミハダニ
セイヨウオオマルハナバチ	1991	カンザワハダニ
トマトハモグリバエ	1999	チャノホコリダニ
アシグロハモグリバエ	2003	
ウズマキコナジラミ*	?	

註1　セイヨウオオマルハナバチは送粉昆虫
註2　キンケクチブトゾウムシとオオタバコガ以外はすべて非休眠か、系統により非休眠
＊侵入警戒種ウズマキコナジラミ（*Aleurodicus dispersus*）

が侵入してきている。1999年に表IV-17を発表したときには、アシグロハモグリバエはまだ日本に侵入していなかったが、2003年になって北海道、山口県でその発生が確認された（表IV-5）。これ以外にも遅かれ早かれ侵入が予想されるものとして、果樹などを加害するウズマキコナジラミ、トマトなどを加害するアザミウマの一種 *Ceratothripoides claratris* などが控えている。施設園芸では後述のように、今後天敵を中心とした害虫管理システムが定着していくと考えられるが、農薬による環境抵抗がなくなると、新たな侵入害虫の定着のチャンスが増えることになる。

　侵入害虫の多くは熱帯または亜熱帯原産で、短日高温条件で繁殖しうる非休眠性の害虫である。さらに土着の施設害虫も休眠をしないか、同じ種のなかで休眠をしない系統（例えば、寄主転換をせずに単為生殖型で越冬するアブラムシ）が施設の害虫となっている。したがって、たとえば露地では大害虫であるウリハムシは冬期に休眠するため施設害虫にはなっていない（表IV-6）。

在来害虫の侵入

　最近、露地野菜害虫が施設に侵入・加害する事例がチョウ目昆虫で多くなってきている。まずハスモンヨトウは、1958年頃から西日本で突然害虫化し、近畿、東海、関東と分布を拡大し1968年には東北にまで発生がみられるようになった。施設栽培の普及がこの種の越冬・繁殖を可能にしたからである（桐谷・中筋 1977）。シロイチモジ

表Ⅳ-6 施設栽培と露地栽培での果菜類の主要害虫と休眠（河合 1996に一部追加・改変）

	露地[1]	施設[1]	休眠の有無[2]		露地	施設	休眠の有無
（カメムシ目）				（チョウ目）			
モモアカアブラムシ	○	○	△	ハスモンヨトウ	○	○	×
ワタアブラムシ	○	○	△	カブラヤガ	○		○
イチゴクギケアブラムシ	○	○	△	タマナヤガ	○		○
オカボノアカアブラムシ	○	○	△	ナスノメイガ	○		×
イチゴネアブラムシ	○		×	ヨトウガ	○		○
オンシツコナジラミ		○	×	タバコガ	○	○	
シルバーリーフコナジラミ		○	×	オオタバコガ	○	○	
（アザミウマ目）				シロイチモジヨトウ	○	○	×
ミナミキイロアザミウマ	○	○	×	（コウチュウ目）			
ミカンキイロアザミウマ	○	○	×	ニジュウヤホシテントウ	○		○
ヒラズハナアザミウマ	○	○	×	オオニジュウヤホシテントウ	○		○
（ダニ目）				ウリハムシ	○		○
ナミハダニ	○	○	△	ドウガネブイブイ	○	○	○
カンザワハダニ	○	○	×	（ハエ目）			
チャノホコリダニ		○	×	マメハモグリバエ	○	○	×
トマトサビダニ		○	×	タネバエ	○		△

1) ○：露地（施設）栽培で重要害虫
2) ○：休眠あり、×：休眠なし、△：地域・系統により異なる

ヨトウは、1980年頃からネギを中心に異常発生し、現在は秋田から鹿児島まで広く発生する。広食性でネギ、キャベツなどの野菜のほか、各種の花卉を加害する。オオタバコガは、その英名（Cotton bollworm）のとおり世界的にはワタの害虫として知られているが、わが国では猛暑の夏が2年続いた1994〜1995年に野菜や花卉で大発生し、それ以後恒常的に全国で発生するようになった（浜村 1998）。

それまで比較的マイナーな害虫であったものが、大発生とともに分布圏が広がり、被害も顕在化することがしばしばある。このような場合、国外からの新たな系統の侵入も疑われる。

施設害虫の特徴

以上のことから施設害虫の特徴をまとめると次のようになる。(1)休眠する昆虫は、施設内では休眠覚醒に必要な低温が得られないため、生存上不利になる。したがって基本的には非休眠型の昆虫である。(2)増殖力が大きい。(3)雑食性である。なぜなら休閑期を生き残るためには、露地の他の作物や雑草で生き残る必要があるからだ。(4)小型の吸汁型害虫が多い。(5)殺虫剤に対する感受性が低いものが多い。施設内に定着し

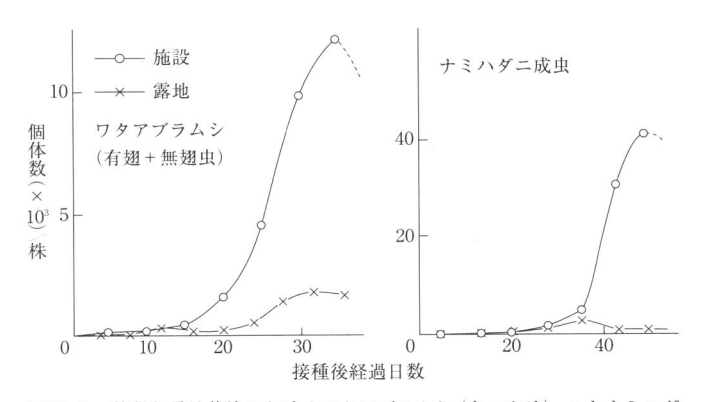

図Ⅳ-1　施設と露地栽培におけるワタアブラムシ（キュウリ）、ニセナミハダニ（ナス）の個体群増殖曲線の比較
すべて1頭の雌成虫より出発
ワタアブラムシ：施設1970年3月4日、露地1971年9月28日に放飼
ナミハダニ：施設1970年4月23日、露地1971年5月21日に放飼
（桐谷・中筋 1973a）

うるためにはこの性質が有利である。(6)侵入害虫一般に適用できるが、1個体の侵入でも増殖できる単為生殖系統が多い。両性生殖する種類も、単為生殖をして雄を生む産雄単為生殖をするものが多い（桐谷 1990a）。

施設の害虫管理

侵入害虫がもたらした防除回数の激増

　日長条件に生活史が左右されない非休眠性の害虫にとって、施設の環境条件は、天敵が非常に少なく、風雨にさらされることもなく、発育に好適な温度と湿度条件に恵まれているので、露地にくらべ増殖に有利である（図Ⅳ-1）。また病気も発生しやすい。

　1973年に高知県の約50戸の農家での農薬防除の回数を調べた。この頃はまだ害虫もハスモンヨトウとアブラムシ（キュウリモザイクウイルス、カボチャモザイクウイルスを媒介）が問題で、農薬はほとんどが殺菌剤で占められていた（表Ⅳ-7）。病気が発生してから防除しても効果があまりないので、どうしても予防的散布が中心になる。

　オンシツコナジラミ（1974）とミナミキイロアザミウマ（1978）が日本に侵入した後、奈良県での1975〜1983年の殺虫剤の使用回数は明らかに倍増している（表Ⅳ-8）。

表Ⅳ-7　1973年の高知県におけるハウス野菜の病害虫防除の実態

作　物	促成キュウリ	トマト	ナス	ピーマン
栽培期間	11月中旬～6月上旬	10月下旬～4月中旬	10月上旬～6月下旬	10月上旬～6月中旬
散布回数*				
殺菌剤	33.4	16.6	10.3	6.4
殺虫剤	5.4	2.2	5.5	10
合　計	38.8	18.8	15.8	16.4
散布回数の最少と最大値	27～49	12～32	11～19	8～28
平均散布間隔（日）	5.4	9.6	15.8	15.9

＊混合剤はそれぞれ独立に1回と数えた

表Ⅳ-8　施設野菜における農薬散布回数/月の変遷
　　　　殺虫剤散布回数が侵入害虫の種数の増加とともに増加している

	1973年(高知県)		1975～1983年(奈良県)	1998年(全国)*	
	殺虫剤	殺菌剤	殺虫剤	殺虫剤	殺菌剤
キュウリ	0.4	3.0	1.5	3.1	6.0
ナス	0.7	1.3	1.6	4.8	3.3
トマト	0.4	2.8	0.9	1.5	1.9
ピーマン	1.3	0.8	なし	4.5	2.8
調査時の外来侵入害虫	侵入害虫発生以前		オンシツコナジラミ イチゴコナジラミ ミナミキイロアザミウマ キンケクチブトゾウムシ	トマトサビダニ シルバーリーフコナジラミ ミカンキイロアザミウマ マメハモグリバエ	

＊1998年の調査は1作当たりの散布回数のため、これを1カ月当たりに換算するため、
　1作期をキュウリ：3、ナス：4、トマト：5、ピーマン：4カ月とした
　高知県：斎藤1975、奈良県：杉浦1985、全国：農水省1999による

これに引き続いてトマトサビダニ（1986）、シルバーリーフコナジラミ（1989）[註]、ミカンキイロアザミウマとマメハモグリバエ（1990）、トマトハモグリバエ（1999）などが侵入した。1998年の全国調査では、散布回数はさらに前期の倍増を示し、25年間に殺虫剤の散布回数は4～8倍にも増加している。トマトは4品目のなかでも散布回数が最少で、その増加率も低い。トマトには最悪の施設害虫ミナミキイロアザミウマが寄生しないことがその理由である。これに対し、殺菌剤はトマト以外の作物では2～3倍に増えているが、殺虫剤とくらべるとはるかに少ない。施設の状況は、水稲栽培における農薬の減少傾向とは大きな対比を示している（表Ⅳ-8）。

註　現在はタバココナジラミ・タイプBとして、別種ではなく系統として扱われている。本書では旧名を使って記述した。

殺虫剤が効かない施設害虫

　わが国の施設園芸の拡大は、農薬によって支えられてきた側面が大きいが、外来の侵入害虫はこれに一層の拍車をかけた。侵入害虫の特徴のひとつは、その薬剤感受性が際立って低いことである。最初に侵入したオンシツコナジラミは、当初から一部の殺虫剤には抵抗性を示し、満足できる殺虫剤はきわめて少数であった。オンシツコナジラミの混乱がまだ収まらないうちにミナミキイロアザミウマが侵入した。これに対しては、既存の殺虫剤で80％以上の殺虫効果を示すものはなく、一度発生すると防除はお手上げであった。ミナミキイロアザミウマだけを対象に、1作期に30回以上薬剤が散布されることも珍しくなかった。静岡県では温室メロンがあっという間に完全に枯れる甚大な被害を受けた。現在は、イミダクロプリド（アドマイヤー）などのネオニコチノイド系の薬剤でその被害を封じこめることが可能になった（矢野 1986；池田 2003）。

　最近侵入したシルバーリーフコナジラミ、ミカンキイロアザミウマ、マメハモグリバエなども、発生が発見された時点で各種薬剤に抵抗性を示していた。これらの害虫が発見時に薬剤に対する抵抗性を示したことは疑いのない事実であるが、これが一般に信じられているように、侵入時からそうであったかどうかは必ずしも明らかでない。施設害虫がある地域で発見されると、ほとんど同時に他の県でも発見され平均7.2県で同時報告される。またその分布拡大の様相から、侵入後平均7年ほど経過していると推定された。したがって、侵入害虫が示す強度の薬剤抵抗性も日本に侵入した後で獲得した可能性を否定できない（Kiritani 1999）。

農薬依存は限界

　現在の施設野菜栽培では、殺虫剤を全国平均で1作に8.5回、殺菌剤を9.6回、さらに除草剤を0.2回使っている（表Ⅱ-12参照）。この数字と表Ⅳ-8から、ナスやピーマンの栽培農家では月に10回、すべて殺虫・殺菌混合剤としても5回、最低週に1回の農薬散布を行なうことになる。高温・高湿の施設内で防護服にゴム手袋、マスクといういでたちで農薬散布をすることは、苦痛をともなう。明らかに化学的防除一辺倒では生産者は肉体的、精神的、経済的に限界にきていることがうかがえる。

化学的防除からの脱却の試み

　農薬による防除は害虫、病原体、雑草を対象としている。ここで述べる試みは、殺虫剤に代わる手段の模索である。

光の利用

　光を利用した害虫防除技術としては誘蛾灯がよく知られているが、最近では黄色蛍光灯、着色粘着トラップ、銀色フィルムマルチ、近紫外線除去フィルムなどがある。基本的には、定植時に苗を虫とともにもちこまないことが重要であるが、近紫外線除去フィルムは侵入や移動を抑制する効果があり、これを用いてキュウリを栽培すると、ミナミキイロアザミウマによる被害果率を長期にわたって低く抑えることができる。また交尾などの行動に影響を与える結果、増殖抑制効果も期待できる（河合章　私信）。さらにオンシツコナジラミの寄生蜂、オンシツツヤコバチの活動は阻害されないので、天敵との併用も可能である。この資材はアブラムシ、オンシツコナジラミにも有効である。

　セイヨウミツバチが施設イチゴの受粉に使われているが、近紫外線除去フィルムを使用すると正常に飛べなくなる。しかし1991年末より欧州から導入されているセイヨウオオマルハナバチへの影響は少ない。高知農業技術センターの山下泉（私信）によれば、施設キュウリの害虫防除は物理的手法だけでも、殺虫剤を使う必要がない程度に害虫の発生を抑圧できるという。すなわち近紫外線除去フィルムで被覆することで、ミナミキイロアザミウマ、ワタアブラムシ、コナジラミ類の侵入を防止するばかりかキュウリの増収効果も期待できるという。近紫外線除去フィルムは、ナスでは果実の色付きに悪影響が出るため普及が阻害されている。

防虫ネット

　ハウスの側壁部は1mm目合い程度、天窓部は2〜4mm目合いの寒冷紗か防虫ネットを張る。側壁部の細かい目のネットはミナミキイロアザミウマ、アブラムシ類、コナジラミ類などの侵入防止を、天窓部はハスモンヨトウやワタヘリクロノメイガの侵入を防止する。ナスやピーマンは、8月下旬から9月中旬の野外の害虫密度が高い時期に定植される。この時は気温が高いので施設内の高温を避けるため、防虫ネットを使用しない場合が多く、害虫の侵入を許してしまう。これに対し施設キュウリの定植は10月上・中旬に行なわれるため、防虫ネットの利用に有利である。しかしハダニ類やホコリダニ類はこれらの物理的手段では防止できないので、発生したときにはダニ剤を使うことになる。天敵を利用して害虫防除を行なう場合でも、侵入防止用の被覆資材の利用は、天敵を有効に働かせるための補助手段としても重要である。

ハウスの蒸し込みと内外の除草

　栽培ハウスの普及とともに、連作による土壌病害虫の問題、病害虫の発生源となる収穫後の残滓など各種の新たな病害虫問題に悩まされるようになった。施設栽培で用

いられる「太陽熱処理」とか「蒸し込み」は高温を利用した殺虫殺菌法である（田中 1999）。ハウス栽培で夏期にハウスを密閉し、湛水したのち透明フィルムで土の表面を覆うと、地中の温度が上がり、2～3週間もそのままにしておくと、各種の病気の予防効果が高いばかりか、センチュウの密度も顕著に下がる。湛水を行なわなくても、透明フィルムマルチで覆うだけでも、地中で蛹になるマメハモグリバエに対して防除効果が非常に高い。地下2cmでも最高50℃以上になり、晩春から初秋にかけては晴天時1日の処理でも効果がある。ナスでは施設栽培終了後の夏期に密閉して蒸し込むことにより、内部は50～60℃になりミナミキイロアザミウマやチャノホコリダニを防除できる。冬期はハウス内は高温にはならないが、残渣処理と除草を徹底してハウスを30～40日密閉すると、次に作る作物の保護に役立つ。ミカンキイロアザミウマやミナミキイロアザミウマはともに雑食性で施設周辺の雑草にも多数生息しており、前者は静岡あたりでは越冬できないが、後者は雑草上で越冬する。周辺部への年間を通じた除草剤の散布により発生源対策や密度抑制ができる（池田 2003）。最近になって、熱水を高圧で土壌処理する技術も開発されている。

セイヨウオオマルハナバチの導入
トマト栽培の必須技術に

1950年代にトマトの結実促進に植物ホルモン剤が実用化されるまでは、花房を刷毛でたたいたり、株全体をゆすって自然交配を行なっていた。ホルモン剤の出現により急速に産地形成が進んだが、空洞果の発生がトマトの食味を著しく落としたが、それでも冬にトマトが食べられることが優先され品質向上が課題であった。

1989年よりオランダ、ベルギーでトマトの送粉昆虫としてセイヨウオオマルハナバチの利用が始まったが、これはミツバチに次いで人類が久方ぶりに家畜化できた生物である（和田 2000）。日本においては1992年から正式に販売され、1999年には4万ケース（トマト1作に3ケース/ha）に近いコロニー（群）が輸入されている（図Ⅳ-2）。2002年度には6万ケースを超えている（五箇 2003）。

西欧では施設害虫に対する生物的防除はマルハナバチ利用前に始まっていたが、日本ではマルハナバチの利用が先発した。愛知県総合農業試験場の菅原真治が単為結実するトマトの育種に成功し1997年に品種登録がなされた。将来はすべてのトマトが単為結果性になると思われるが、それまではマルハナバチの交配技術が続くと思われる（池田 2001）。セイヨウオオマルハナバチがトマト交配に利用されてから10年たち、今では栽培上必須の農業技術になってナスへの使用も始まっている。働き蜂の寿命は

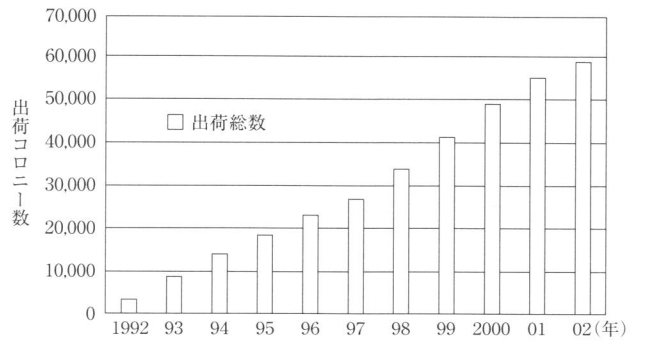

図Ⅳ-2　セイヨウオオマルハナバチ商品コロニーの年別出荷数（五箇 2003）

約1カ月で、巣から次々と羽化してくる。これらの蜂がハウスの外で他の花をおぼえるとトマトには訪花しない。トマトの花には蜜がなく花粉量も少ないため、蜂にとっては魅力のない花なのである。このため受粉活動が不安定になり、花粉交配が不完全で花流れや奇形果の原因になる（マルハナバチ普及会 2001）。

マルハナバチの利用上の問題点

北ヨーロッパでマルハナバチの利用が急速に進んだのは、交配の省力のほかに日本にくらべ利用に有利な背景があったからだ。すなわち害虫の種類や発生がもともと日本にくらべて少ないうえ、生物的防除が先発していたため殺虫剤の使用が少ないこと、さらに大型温室のため最低夜温16℃、夏季の最高温度が32℃以下に保持され施設内の高温防止対策がとられていたことがあげられる。

トマトは加害する害虫が少なく農薬の散布回数が少ない作物とされてきたが、この20年間にシルバーリーフコナジラミ、マメハモグリバエ、トマトハモグリバエ、ミカンキイロアザミウマ、トマトサビダニの発生に加え、在来種のオオタバコガ、ハスモンヨトウの発生が多くなった。わが国では農薬の影響、施設面積が狭いことによる低い採算性（1コロニーの寿命はほぼ施設の面積に比例する）、低温や高温による花粉稔性の問題、高温によるコロニーへの影響などが普及上の問題点であった。ナスでは花粉の受精能力は最低17℃が必要とされ、初めからナスでの実用化はコストの面から悲観的であった（池田 2001）。

ナスへの利用

ナスへの全面散布ができるホルモン剤の登録失効にともない、マルハナバチの利用による受粉作業の省力化は長年の課題であった。ハウスの夜温を10℃（可能なら平均

12℃)に維持することによって、ナスの花粉は発芽し、安定した着果をすることがわかった。しかしマルハナバチがナスの振動授粉を行なうためには、夜温を13℃以上に上げる必要がある（根本 2000）。このためには従来の設定温度より2、3℃高くすることになり、加温の経費増が農家には大きな負担になっている。他方ナス栽培は9月から翌6月と長期にわたり、単花処理と花抜き作業が全労働時間の20％以上を占めるうえ、4、5月の収穫最盛期が田植えに重なるため大きな負担であった。

　日本で最初にマルハナバチのナスへの使用を試みたのは高知県安芸地区の農家である。その結果、平均収量は導入農家10a当たり上位5戸で16.6トン（62戸平均11.2トン）に達し、非導入農家でのそれぞれ13.7トン（62戸平均8.3トン）に比べて、導入の効果は明らかであった。残された問題としては、気温や日照条件の悪い12～2月の厳寒期に首細果、3月以降の高温期につやなし果が発生し、またほとんどのハウスで"すすカビ病"が発生することである。原因は農薬散布回数の減少であり、慣行栽培では開花から収穫までに3回（5剤）農薬散布を受けるのに対し、マルハナバチの導入栽培では1回（2剤）前後である（和田 2001）。

導入マルハナバチの野生化

　セイヨウオオマルハナバチの逃亡による定着問題、在来種との交雑問題、内部寄生性のダニのもちこみによる土着マルハナバチへの影響などが、生物多様性保全の観点からその功罪が論議されている。すでに日本の各地で逃亡個体が目撃されている。北海道日高地方は温室トマトの栽培に本種が広く使われている。2002年6月研究者有志による調査では、2日間で女王蜂や雄蜂を含む500頭以上が捕獲された。また本種が広範な野生および栽培植物を利用し、盗蜜を高頻度で行なうことが明らかになった（鷲谷・松村 2002）。

　わが国には在来種のマルハナバチが22種も存在するため、セイヨウオオマルハナバチ導入にともなう在来種との種間関係も複雑である。予想される問題は次の3点に整理できる（五箇 2003）。(1)餌資源や営巣場所をめぐる競合が生じて在来種が駆逐される。(2)在来種と種間交雑を行なうことで、在来種個体群の遺伝子組成を撹乱する。(3)外来寄生生物をもちこみ、在来種を病害によって衰退させる。これらはまだ大問題になるほど顕在化していないが、いずれもその可能性は否定できない。1999年から北海道を除く全国で、セイヨウオオマルハナバチに代わって在来種のクロマルハナバチの利用が図られている。しかし、これもオランダで生産したものが輸入されており、導入クロマルハナバチも(1)～(3)の問題からは逃れられるわけではない。

　外来種であれ、在来種であれ使用を続けるかぎりは、施設からの逸出を厳重に防止

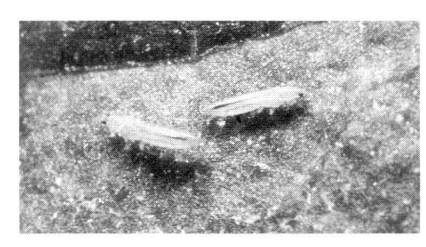

写真Ⅳ-2
ミナミキイロアザミウマ

する必要がある。有効な農業技術も生物多様性を犠牲にして世間に受け入れられる時代ではない。

生物的防除を基幹にしたIPMへの移行

侵入害虫ミナミキイロアザミウマ
日本で害虫化
　1978年に宮崎県のピーマンで初めて発生が確認された。翌1979年に高知県、1980年に静岡県で発生がみられ、その後急速に広がり1985年には関東以西の28都道府県、1993年には40都道府県に広がった。発生面積も1988年には2万haに達したが、その後は減少に転じ、近年は1万ha前後で推移している。本種は台湾を含む東南アジアから南アジアの広い範囲に分布するが、1921年にインドネシア、スマトラ島で採集され、東南アジアが原産といわれている。わが国には1978年に、ハワイでは1982年、プエルトリコ1986年、オーストラリア1989年、北米や欧州でも1990年代に発生が確認された。本種に対しては侵入時から有効な薬剤が少なく、薬剤抵抗性の発達が早いため、難防除害虫のひとつになっている（**写真Ⅳ-2**）。

　害虫化したのは日本が最初で、その後、東南アジア・太平洋地域でも害虫化し、現在では世界的な果菜の重要害虫となっている。本種は侵入害虫としての典型的な生活史と習性をもつばかりか、それがもたらした被害の大きさ、生物兵器として用いられたことが疑われるほどの加害性、土着天敵を利用したIPMシステムの確立など施設害虫防除史上もっとも大きなインパクトを与えた害虫である。ここでは施設害虫の代表として、とくに詳しくふれることにした。

生理生態的特性
　広食性で日本では34科117種の植物を加害する。なかでもウリ科、ナス科の果菜類、その他葉菜、花卉、果樹の害虫である。稲では増殖できないが開花期に籾内に成虫が

侵入するとしいな（殻だけで実のない籾のこと）になったり黒点症状米になったりする。なおトマト、イチゴでは発育できない。低温に弱く、休眠性もないため静岡県などの例外を除き（池田 2003）、日本本土では越冬できない。冬期は加温施設内のみで発育を続ける。生活環を完結するためには、春に施設から露地へ、秋に露地から施設への移動が不可欠である。したがって発生は施設栽培地帯に限られる。発育ゼロ点（最低発育限界温度To）は10.7〜11.6℃、産卵から羽化までは約2週間、日当たり内的自然増加率はコナジラミとほぼ同じで、25℃で0.134（河合 2001）、32℃で最大の0.153を示す（Tsai et al. 1995）。

本種は産雄単為生殖で既交尾雌の次世代は70〜90％が雌となるが、低密度のときには交尾率が低下し、次世代の大部分が雄になる。ナス、キュウリでは葉当たり、ピーマンでは花当たり成虫が0.03〜0.04頭で、交尾率が50％に低下する。被害許容密度は、キュウリでは5％減収が成虫5.3頭/葉、これに対しナス、ピーマンでは果皮に傷をつけるため、それぞれ葉当たり成虫0.008頭、0.11頭ときわめて低い。本種は、他の吸汁性害虫がいると増殖が阻害される場合が多い。ワタアブラムシがいると、たとえ高密度にアザミウマがいても、ワタアブラムシの存在によって減少する。ワタアブラムシの発育ゼロ点は、約5.3℃でミナミキイロアザミウマより5〜6℃低い。そのため両種がいる場合は低〜中温域ではワタアブラムシに、ワタアブラムシが繁殖阻害される高温域ではアザミウマに有利に働く。カンザワハダニとの間でも同じような現象がみられる。ミカンキイロアザミウマと本種がキュウリに同時発生したときは、ミナミキイロアザミウマは葉に、ミカンキイロアザミウマは花に集まり、棲み分けている（河合 2001）。

防除手段

化学的防除──侵入当初はほとんどの殺虫剤が効果がなく大被害を受けたが、前述のように、現在はネオニコチノイド系の薬剤で防除が可能になった。

生物的防除──岡山県農業試験場の永井一哉によって、土着天敵のナミヒメハナカメムシ（**写真Ⅳ-3**）などヒメハナカメムシ類の有効性が明らかにされ、露地ナスにおけるIGR（昆虫成長制御物質）とヒメハナカメムシの併用によるIPMシステムが確立された（永井 1993）。ヒメハナカメムシの温存場所として、水田周辺のアルファルファ、アカクローバの植生管理がその利用に重要であることが示された（Ohno & Takemoto 1997；荒川ら 1998）。さらにキュウリ、ピーマン、メロンでククメリスカブリダニの放飼が有効で、ヒメハナカメムシとククメリスカブリダニは1998年に生物農薬として登録された。

写真Ⅳ-3
ヒメハナカメムシは体長1.5mmぐらい。アザミウマは一回り小さい1mm程度で肉眼では見づらい。写真はタイリクヒメハナカメムシ

　物理的防除——ハウスの開口部を寒冷紗で被覆する。銀色資材によるマルチングが有効で、とくに反射率の高い資材がよい。また全面被覆はアザミウマの蛹化場所をなくすため効果がある。ハウスビニールとして近紫外線除去フィルムも効果が高い。しかしナスでは果皮の着色不良、ミツバチが飛ばないなどの問題がある。成虫が近紫外線を吸収する青色に誘引されることを利用した粘着リボンもアザミウマが高密度でなければ有効である。高温（40℃）ではすべての個体が1日以内に死ぬので、栽培終了後の蒸し込みの効果は高い。
　抵抗性品種——日本のナスの実用品種間では目立った違いはないが、外国産の品種間には大きな違いもみられ、将来、耐虫性品種の育成が望まれている。
　IPM——単独の防除手段で密度を抑制するのは無理で、IPMの組み立てが必要である。とくに本種の特性として、低密度における交尾率の低下という過疎効果がある。したがって他の多くの害虫の場合と異なり、要防除密度を被害許容密度にかかわりなく、低密度に設定することが有効で、殺虫剤の追加散布も有効である。これによって栽培期間を通じての必要散布回数が減少する。

生物的防除の長短所

　天敵を用いて害虫を防除する方法を生物的防除という。生物的防除には大きく分けて3つの方法がある。すなわち、伝統的生物的防除（永続的利用）、放飼増強法、そして天敵の保護・保全である。さらに放飼増強には、接種的放飼と大量放飼があり、施設で用いられているのは前者である。接種的放飼では、作物栽培初期の天敵密度の低い時期に天敵を付け加えたり、温室などの天敵のいないところに少数の天敵を放飼し、そののちの天敵の増殖をうながすことにより、害虫個体群の抑圧を行なうのである（中筋 1997）。
　天敵と殺虫剤はそれぞれ長短がある（**表Ⅳ-9**）。この表では天敵の利用を伝統的生物防除においているので、効果の持続性は永続的としているが、ここで扱う施設での

表IV-9　天敵と殺虫剤の比較（桐谷・中筋 1973bを改変）

	殺虫剤	天敵（捕食者・捕食寄生者）
起源	人工的	自然物
残留毒性	問題あり	なし
抵抗性	発達する	発達しない
効果	即効的で確実	遅効的で不確実
効果の持続性	一時的	持続的または永続的
害虫の密度への反応	密度非依存的	密度依存的
選択性	非選択的*	害虫のみに選択的
取り扱い	容易	生物であるために各種の制約がある

＊最近は選択性の高い殺虫剤も開発されている。表II-13の農薬の新旧タイプの比較を参考にされたい

表IV-10　施設栽培トマトのコナジラミ類対象の天敵昆虫と化学農薬の比較（和田 2000；那波 2001）

剤	防除コスト（3カ月/10a）	散布時間	効果発現まで	効果持続	保存性
化学農薬	2万～5万円	2時間	直後～2週間	1～4週間	3～4年
天敵昆虫	2万2400円	15分	2週間後	2～3カ月	2～7日

註　化学農薬は10回散布、天敵昆虫は放飼回数4回として計算

　天敵利用は接種的放飼法で、効果は作物の1作期のみである。施設栽培トマトのコナジラミ類対象の天敵昆虫と農薬の特性をより実用的な観点から比較した場合、天敵がうまく使えれば労力や効果の持続性からみても、化学農薬よりも有利なことが理解できる（表IV-10）。

　わが国では1995年に初めてチリカブリダニとオンシツツヤコバチが天敵農薬として登録され、商業栽培にも利用の道が開かれた。現在15種の天敵が登録されている（表IV-11）。今後も登録種数は増加していくことが期待される。殺虫剤や物理的防除法の場合は、基本的な使い方を間違えなければ同じような高い防除効果を上げることができるが、天敵では「同じ使い方」でも高い防除効果を得ることもあれば失敗することもある。これは天敵が生物であり、いろいろな条件の違いによって効果が異なるためである。われわれが「同じ使い方」と考えていたものが、われわれのわからない条件が違っていたために「違う使い方」になっていることがある（河合 2000）。天敵については最近、矢野栄二（2003）によって『天敵——生態と利用技術』が出版された。内外の最近の状況を詳しく知りたい方はこの本を参考にされることをお勧めする。

表Ⅳ-11　天敵昆虫・ダニ製剤　　　　　　　　　　　2003年10月8日現在　JPPAまとめ

農薬の種類*	農薬の名称	対象作物	対象病害虫	初年度登録
イサエアヒメコバチ・ハモグリコマユバチ剤	マイネックス	野菜類（施設栽培）	ハモグリバエ類	97.12.24
	マイネックス91	野菜類（施設栽培）	ハモグリバエ類	01. 4.16
イサエアヒメコバチ剤	トモノヒメコバチDI	トマト（施設栽培）	マメハモグリバエ	99. 3.25
		ナス（施設栽培）		02. 7. 2
	ヒメコバチDI	野菜類（施設栽培）	ハモグリバエ類	02. 9.17
	ヒメトップ	野菜類（施設栽培）	ハモグリバエ類	02. 9. 3
ハモグリコマユバチ剤	トモノコマユバチDS	トマト（施設栽培）	マメハモグリバエ	99. 3.25
	コマユバチDS	トマト（施設栽培）	マメハモグリバエ	02. 9.17
		ミニトマト（施設栽培）		03. 3. 5
オンシツツヤコバチ剤	エンストリップ	野菜類（施設栽培）	コナジラミ類	95. 3.10
	ツヤコバチEF	トマト（施設栽培）	オンシツコナジラミ	02. 9.17
		ミニトマト（施設栽培）		03. 3. 5
	ツヤコバチEF30	野菜類（施設栽培）	コナジラミ類	02. 8.13
	ツヤトップ	野菜類（施設栽培）	オンシツコナジラミ	01. 1.30
サバクツヤコバチ剤	エルカード	野菜類（施設栽培）	コナジラミ類	03. 5. 7
コレマンアブラバチ剤	アフィパール	野菜類（施設栽培）	アブラムシ類	98. 4. 6
	トモノアブラバチAC	イチゴ（施設栽培）	ワタアブラムシ	98. 7. 7
		ピーマン（施設栽培）		01. 7.12
		キュウリ（施設栽培）		02. 7. 2
		メロン（施設栽培）		02. 7. 2
		ナス（施設栽培）	アブラムシ類	02. 7. 2
	アブラバチAC	野菜類（施設栽培）	アブラムシ類	02. 9. 3
	コレトップ	野菜類（施設栽培）	アブラムシ類	02. 9. 3
ショクガタマバエ剤	アフィデント	野菜類（施設栽培）	アブラムシ類	98. 4. 6
ナミテントウ剤	ナミトップ	野菜類（施設栽培）	アブラムシ類	02.11.26
チリカブリダニ剤	スパイデックス	野菜類（施設栽培）	ハダニ類	95. 3.10
		果樹類		99.11.25
		インゲンマメ（施設栽培）		00. 8.15
		バラ（施設栽培）		02.10.16
		シクラメン（施設栽培）		02.10.16
	カブリダニPP	野菜類（施設栽培）	ハダニ類	02. 9. 3
		バラ（施設栽培）		03. 8.20
		オウトウ（施設栽培）	ナミハダニ	02. 9. 3
	チリトップ	野菜類（施設栽培）	ハダニ類	02. 6.18
ククメリスカブリダニ剤	ククメリス	野菜類（施設栽培）	アザミウマ類	98. 4. 6
		シクラメン（施設栽培）		02.10.16
		ホウレンソウ（施設栽培）	ケナガコナダニ	03. 3. 7
	メリトップ	野菜類（施設栽培）	アザミウマ類	02. 6.18
デジェネランスカブリダニ剤	スリパンス	ナス（施設栽培）	ミナミキイロアザミウマ	03. 6. 3
ミヤコカブリダニ剤	スパイカル	野菜類（施設栽培）	ハダニ類	03. 6. 3
		果樹類（施設栽培）		03.10. 8
ナミヒメハナカメムシ剤	オリスター	ピーマン（施設栽培）	ミカンキイロアザミウマ	98. 7.29
			ミナミキイロアザミウマ	98. 7.29
タイリクヒメハナカメムシ剤	オリスターA	野菜類（施設栽培）	アザミウマ類	01. 1.30
	タイリク	野菜類（施設栽培）	アザミウマ類	01. 6.22
ヤマトクサカゲロウ剤	カゲタロウ	野菜類（施設栽培）	アブラムシ類	01. 3.14
アリガタシマアザミウマ剤	アリガタ	野菜類（施設栽培）	アザミウマ類	03. 4.22

*農作物の防除資材として登録される場合は、天敵も農薬と呼ばれる。

ミナミキイロアザミウマをめぐる米国とキューバの争い

生物兵器になったミナミキイロアザミウマ

1997年8月28日付の日本経済新聞は、『「昆虫兵器」論争、初の協議対象に』という囲み記事を掲載した（写真）。キューバが米国に対して「米国務省の航空機が害虫を散布した」と抗議、米国は「事実無根」と反論、対立は生物兵器禁止条約にもとづく協議の場にもちこまれた。年末までに議長が報告書を作成することになっているが、各条約国とも扱いに慎重なムードだと記事は報じている。

ことの発端は、1997年4月28日にキューバ政府が国連事務総長あてに、「1996年10月21日に米国内務省がマタンサス州にミナミキイロアザミウマを航空機で散布し、キューバが再び生物的攻撃の目標にされた」という内容の口上書を提出したことに始まる。S2R機という航空機は麻薬取り締まりに使われ、農薬散布装置が搭載されているのだが、その航空機が、キューバ側の主張する時間、場所を飛行したことは米国も認めている。その時上空で7回ほど白または灰色がかったもや状の物を放出したのを、高度約3000mでその下方約300mを直交ルートで飛行していた民間機のパイロットに目撃された。これに対し米国側は、下を飛んでいた民間機に自分の位置を報せるためにパイロッ

キューバ「米機が害虫散布」

「昆虫兵器」論争 初の協議対象に

生物兵器禁止条約締約国会合　年内に議長が報告書

キューバが米国に対して「米国務省の航空機が害虫を散布した」と抗議、米国が「事実無根」と反論する事態が起きている。生物兵器禁止条約に基づく協議の場に持ち込まれた。二十七日までにジュネーブで開かれた条約締約国の会合の結果、年末までに議長が報告書を作成することで当面の合意に達した。協議で問題解決をはかる初のケースだけど、各締約国とも扱いには慎重なムードだ。

問題は昨年十月、南米で麻薬撲滅に利用している米国務省の航空機がキューバ上空を通過した時、煙を上げたことに端を発する。生物兵器禁止条約は問題の地域で害虫が大発生したことを相互に協議・協力するよう規定、これに基づいて協議を申し立てる手続きが決められている。キューバはこの手続きを利用し、今回会合では写真や地図を示し

て米国の非を締約国に訴えた。米国も詳細に反論、「位置を示す発煙装置から煙が出ただけ」などと説明した。

問題の害虫はキューバの別の地域にも以前から発生しており、国内で移動した可能性もある。一方、米国の航空機には虫などを散布できる機能もあり、今回の会議では原因を特定できるまでには至らなかった。

（ジュネーブ＝三科清三郎）

ミナミキイロアザミウマをめぐる米国とキューバの争い（日本経済新聞1997年8月28日付）

トが煙発生器を使っただけだと反論した。しかしこの航空機には煙発生器の装備はないこと、米機のパイロットは不明な物質の放出についての航空管制室からの問い合わせにも技術的な問題は何もないと答えていることなどから、言い訳のような気がしないでもない。

その2カ月後にミナミキイロアザミウマの未発生地であったキューバで発生が確認され、その後急速に拡大した。1997年5月に、野菜・茶業試験場の河合章室長がキューバ政府の要請で現地に飛んだ。河合（1997）の報告にもとづいてその実状をみてみよう。この害虫が最初に発生したマタンサス州はキューバの西部で、フロリダ海峡を隔ててもっとも米国に近い。キューバの東部は海を隔ててハイチ、ドミニカ共和国、ジャマイカに接しているが、発生がキューバ東部ではなく、それらの国から600kmも離れた西部で起きたことから、人為的な要因が関与した疑いが濃い。被害は甚大で6カ月後には国土の3分の1に広がり、ジャガイモ、キュウリなどは発芽直後から高密度で発生し全面枯死する圃場も多数あり、葉当たり100頭の密度で発生していたと河合氏は報告している（河合章1997：私信）。

米国の昆虫学者も否定せず

河合氏によると、

セラチア菌・大腸菌散布
生物・化学兵器 冷戦期の米実験
兵士の健康被害懸念

【ワシントン＝村山知博】米国防総省は6月30日、冷戦時代に極秘で実施した生物・化学兵器実験「プロジェクト112」の調査を終え、未確認のまま残っていた10種類の実験内容を公表した。同プロジェクトで実施された実験は、計500人を超える兵士たちが携わったことが分かった。実験に携わった5800人を超える兵士たちの健康への影響が今後の焦点となる。

生物・化学兵器で攻撃や大腸菌を散布（66年）された際、有害物質が環境中にどう広がるのかを、危険性の低い細菌や化学物質を使って確かめるのがプロジェクトの目的。62〜73年、ハワイ、アラスカなど6州とカナダ、英国、パナマで実施、確認されたのは、ハワイ・オアフ島付近で潜水艦から枯草菌を散布（68年）▽ハワイ沖の太平洋で航空機からセラチア菌

▽ユタ州上空の航空機からリン化水素などを投下（72〜73年）──などの内容だった。

これで同省の調査は終わり、計画されていた134種類の実験のうち、50種類が実施され、84種類がキャンセルされていたことが分かった。

同プロジェクトは「人体実験」ではないとしているが、兵士たちには避難壕や防護服、ワクチンなど

の対策が施された。ただ、兵士の中には詳しい内容を知らされずに作業した人も多く、倫理的な問題点が指摘されている。

約3年前、一部の元兵士からの健康相談を受け、復員軍人援護局が同省に実験内容の再調査を要請。内容を確認できた実験から順に公表し、健康に異常がある場合は連絡するよう元兵士らに呼びかけることにした。

同局によると、体調に異常がある元兵士は、これまでに260人ほど見つかっている。

米国が行なった生物・化学兵器実験「プロジェクト112」（1962〜1973年）の存在を報じる新聞記事（朝日新聞2003年7月3日付）

「昆虫学者を含め多くの研究者が生物兵器としての放飼を信じているようで、お
おいに驚かされた。分布の拡大などを考えると飛翔または作物の移動などにより、
フロリダより侵入し東風が卓越する冬季に西へ広まった可能性が高いと思われた
が、誤解をおそれてその旨の発言はしなかった。帰国後キューバ政府が国連に出
した口上書をみて改めて考えさせられた」という。私も今時まさかと思い、日本
で開催されたシンポジウムに出席していた米国の著名な2人の昆虫生態学者にそ
の可能性を聞いてみたところ、返事は意外にも「"Possible"だ。今までにもそ
のような話は十数回あり、そのうちの6回ぐらいは証拠も出ている」という話だ
った。

秘密プロジェクト112

それにつけても古い話だが、1962年日本応用動物学会誌に、「ニカメイガの
大発生の同心円的拡大」という論文を英文で発表したとき、すぐさま米国の
Fort Detrickにある軍の研究所から別刷の請求がきたのを思い出す。この研究
所は生物兵器の研究に関与しているという噂は私も知っていたので、その情報収
集のネットに驚いた。2003年7月3日付の朝日新聞によれば、米国防総省は、
生物・化学兵器で攻撃された場合、有害物質が環境中にどう広がるかを、危険性
の低い細菌や化学物質を使って、1962～1973年、ハワイ、アラスカなどの6
州とカナダ、英国、パナマで実施したが、最近、実験に従事した元兵士260人
が健康異常を訴えているという。私の論文は、まさにこの秘密プロジェクト
112に必要な情報であった（写真）。

天敵利用を左右する条件

休眠

天敵の性質、とくに休眠の有無は無視できない。ミナミキイロアザミウマの防除に
ナミヒメハナカメムシが有効なことは露地ナスで実証されたが（永井 1993）、これを
施設栽培に適用すると、10月半ば頃からその効果が落ちてくる。その理由は、短日下
では22℃でも全個体が生殖休眠に入ってしまうからである。26℃では半数近くが休眠
を回避（Kohno 1998）するので、短日下での利用には施設内の温度を高くする必要
がある。しかしこれは経費的に問題がある。このため南西諸島に分布する休眠のない
ミナミヒメハナカメムシやタイリクヒメハナカメムシ（沖縄産のタイリクヒメハナカ
メムシには休眠がみられないが、関東のタイリクヒメハナカメムシは他の種にくらべ

表Ⅳ-12 施設栽培における冬期の栽培管理上許容される最低温度

作物	最低温度
イチゴ	5～7℃
トマト	8～10℃
ナス	10～12℃
キュウリ	12～13℃
スイカ	13～14℃
ブドウ	15℃（開花結実期は9℃）
ピーマン	15～18℃
ハウスメロン	18～20℃
シシトウ	20℃

やや浅い休眠で越冬する）（写真Ⅳ-3）の利用が、その捕食能力とともに検討されていたが、捕食能力も高いタイリクヒメハナカメムシが、2001年にアザミウマ類対象の天敵農薬に登録されるにいたった（表Ⅳ-11）。このように施設の管理温度は生物である天敵利用においてはその成否を決める重要な要素である。

限界管理温度

ハウス内の平均気温が20℃以上であることが天敵利用の条件であり、そのためには最低夜温13℃、経過温度20℃、最高温度30℃でそれぞれ8時間、10時間、6時間必要である。天敵利用の成否はいかに最低気温を上げるかにかかっている（和田 1995）。林（1995）は、オンシツコナジラミの生物的防除にオンシツツヤコバチを利用して、失敗する原因は、(1)低温時の使用、(2)放飼タイミングの遅れ（多発生時の使用）、(3)他種害虫に対する使用農薬の影響に要約されると述べている。

管理温度は作物、栽培時期、地域、さらには個人によってさまざまである。経営的にはできるだけ低い夜間温度で冬の栽培期を切り抜けることが求められる。昼間の管理高温限界は30℃というのが、作物の種類にかかわらず共通している。栽培上は27～28℃程度が上限といえよう。他方冬の許容最低温度は、作物とその栽培段階によって異なり、イチゴの5～7℃からシシトウの20℃とかなりの幅がある（表Ⅳ-12）。天敵利用の観点からは許容最低温度が高い作物ほど有利だということになる。

害虫と天敵の最低発育限界温度

発育ゼロ点の推定には、直線みなし部分の選択や試験温度の範囲外に直線部分を延長する外挿による誤差など技術的にも問題が多いため（コラム〈132頁〉参照）、同一種でもできるかぎり多数の報告を比較検討のうえ使用するのが望ましい。同じ分類群に属する種では、ほぼ近い数値を示すのが普通で、相互の違いは種間の違いというよ

表Ⅳ-13 施設の害虫と天敵の発育ゼロ点（To）と有効積算温度（K）

	発育ゼロ点（℃）	有効積算温度（日度）	報告例数	種数
捕食性天敵				
ヒメハナカメムシ	12.5	237	15	8
テントウムシ	11.1	257	21	12
カブリダニ	10.9	85	13	9
クサカゲロウ	9.6	424	11	11
ショクガタマバエ	6.2	280	1	1
ヒラタアブ	4.1	343	2	2
捕食寄生性天敵				
オンシツツヤコバチ	10.5	217	3	3
ハモグリバエ寄生蜂*	8.3	199	10	6
アブラムシ寄生蜂	6.1	180	14	8
寄主または餌動物				
アザミウマ	10.4	184	23	10
コナジラミ	10.3	357	3	2
ハダニ・ホコリダニ*	9.3	166	26	13
ハモグリバエ	9.1	276	12	10
アブラムシ	5.8	137	43	22

＊複数の科が含まれているが、科間の差も小さいので一括した

りも、餌条件、使用温度の間隔と範囲、制御の精度などもろもろの実験上のデザインにもとづく違い、さらに上述の計算上の測定値の取り扱いによる誤差も無視できない。したがって、ここではヒメハナカメムシのある特定の種の発育ゼロ点を扱う代わりに、8種のヒメハナカメムシについての15の報告を一括して「ヒメハナカメムシ」として、その平均値を発育ゼロ点、有効積算温度とした（**表Ⅳ-13**）。

害虫と天敵の発育ゼロ点の比較

　施設の害虫とその捕食性天敵ならびに捕食寄生性天敵の発育ゼロ点を比較してみよう。**表Ⅳ-13**より施設の害虫と天敵はその発育ゼロ点からは、大まかにそれぞれ3つのグループに分けられる（**表Ⅳ-14**）。害虫と天敵の関係をよりわかりやすくするため、害虫（横軸）とその天敵（縦軸）の発育ゼロ点の値をグラフに示した（**図Ⅳ-3**）。害虫と天敵の発育ゼロ点が同じ場合は、この図の中央を斜めに横切る対角線状にのる。寄生性天敵はすべてハチ目に属しているが、みごとにそれぞれの寄主の発育ゼロ点に対応している。このことは寄生性天敵を防除に用いる場合には、寄主と天敵との温度反応の違いよりも増殖率の違いが利用の成否に大きく関係するであろうことを示唆している。生物的防除のための施設内の最低管理温度は寄生者の発育ゼロ点に応じて異

表Ⅳ-14 施設害虫と天敵類の発育ゼロ点の比較

害虫の発育ゼロ点	害虫	捕食性天敵	捕食寄生性天敵
低（4～7℃）	アブラムシ 5.8℃	ヒラタアブ、 ショクガタマバエ 4.1～6.2℃	アブラムシ寄生蜂 6.1℃
中（8～10℃）	ハモグリバエ、 ハダニ、ホコリダニ 9.1～9.3℃	クサカゲロウ 9.6℃	ハモグリバエ寄生蜂 8.3℃
高（10～13℃）	アザミウマ、 コナジラミ 10.3～10.4℃	ヒメハナカメムシ、 テントウムシ、 カブリダニ 10.9～12.5℃	オンシツツヤコバチ 10.5℃

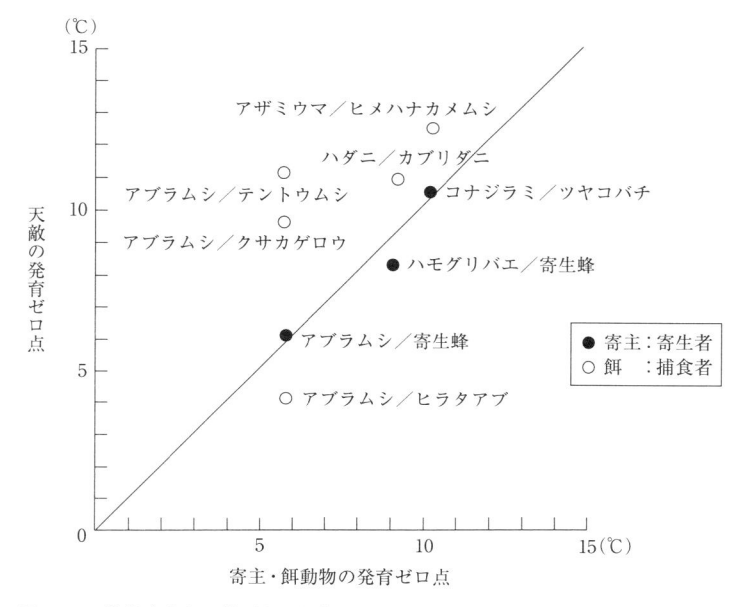

図Ⅳ-3 施設害虫と天敵（寄生捕食性と捕食性）の発育ゼロ（T_0）の関係図中の45度線は、害虫とその天敵の発育ゼロ点が等しい場合を示す。添字の「アブラムシ／ヒラタアブ」等は、前者が餌または寄主、後者が天敵を示す

なり、アブラムシ、ハモグリバエ、コナジラミと順次高温が要求される。

捕食性天敵と餌動物の発育ゼロ点の関係（○印）は、寄生性天敵と寄主（●印）の場合と違って45度線からはずれている。アブラムシ／ヒラタアブを除いて、皆この線より上部にポイントが位置している。このことは、捕食性天敵の発育ゼロ点は餌動物の発育ゼロ点よりも高いことを示している。とくにヒメハナカメムシ、テントウムシ、カブリダニの高温グループ（10.9～12.5℃）は、害虫の発育ゼロ点（5.8～10.4℃）とはギャップがあり、トマト、ナス、キュウリの最低管理温度は、害虫にくらべて天敵には不利で、低温時には害虫が天敵の働きからエスケープしやすい。

イチゴのように管理温度が低いものでは、寄生性天敵の利用は問題ないが、捕食性天敵ではアブラムシに対するヒラタアブの組み合わせ以外は有効性を期待できないと思われる。アブラムシの捕食性天敵のショクガタマバエも発育ゼロ点は6.2℃で、卵から成虫羽化までの有効積算温度は280.2と報告されている（Havelka 1980）。したが

積算温度法則

サンダーソン（1910）、ピアース（1914）、ブルンク（1914）らは、いろいろな昆虫を異なった温度で飼育する、当時としては大規模な実験の結果、発育期間と温度の間に次のような関係を発見した。

$$(T-T_o)D=K \quad \cdots\cdots(1)$$

Tは飼育温度、Toは発育限界温度もしくは発育ゼロ点。Dは温度Tで発育に要した日数、Kは有効積算温度恒数で普通は有効積算温度もしくは有効積算温量といい、単位は日度で表わす。要するにこの式は有効温度と時間の積は一定であることを示す。

実験的には、通常10～35℃の温度領域で任意に設定したいくつかの恒温区で昆虫を飼育し、各温度区における発育日数（D）の逆数1/D＝V、すなわち発育速度（V）を縦軸に、温度（T）を横軸に取るとS字状曲線が得られる。この曲線の直線部（みなし直線部）を選んで回帰直線(2)式を当てはめ、外挿部が横軸と交わる点がToである。

$$V=A+BT \quad \cdots\cdots(2)$$

(2)式からTo＝－A/B、K＝1/Bが得られる。（詳しくは、桐谷 2001を参照）。

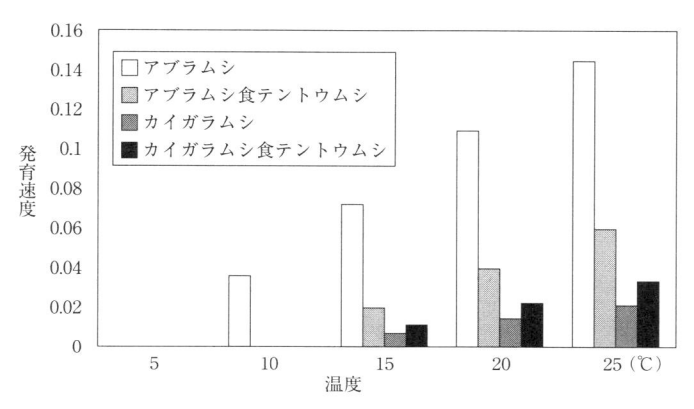

図Ⅳ-4 餌昆虫と捕食性テントウムシの発育速度と温度（Dixon *et al.* 1997）
アブラムシとテントウムシでは、餌のアブラムシの方がいずれの温度でも早く発育するのに対し、カイガラムシの場合は、テントウムシの方が発育速度が大きい。発育速度は発育日数の逆数

って発育ゼロ点からみるかぎりでは、低温時のアブラムシの捕食性天敵としてはハエ目が有望である。しかし有効積算温度からみて、アブラムシより発育に要する期間が2倍以上かかること、とくにヒラタアブのような大型種では大量生産にコストがかかるといわれており、生物的防除の最大の隘路のひとつが経費の問題であるだけに実用化にはまだ遠いと思われる。

根本久（私信）によれば、ショクガタマバエの活動可能温度は6〜35℃、最適温度は20〜24℃で、タマバエの活動が期待できる温度範囲でイチゴで行なった試験では効果が不安定で、現在ではほとんど利用されていないという。

なぜテントウムシはアブラムシの有効な天敵ではないのか

英国のDixonら（1997）は、「テントウムシがカイガラムシの生物的防除に有効なのに、アブラムシでは効果があまりないのはなぜか？」と設問して、アブラムシ群とアブラムシ食テントウムシ群、カイガラムシ群とカイガラムシ食テントウムシ群のそれぞれの対について温度と発育速度の関係を示した（図Ⅳ-4）。まずアブラムシの対では、アブラムシは低い発育ゼロ点で春先早くから発育を開始するのに、テントウムシはかなり遅れて発育を開始する。そのうえ発育速度はアブラムシのおよそ半分であり、これではアブラムシを抑えることができないという。これに対してカイガラムシ

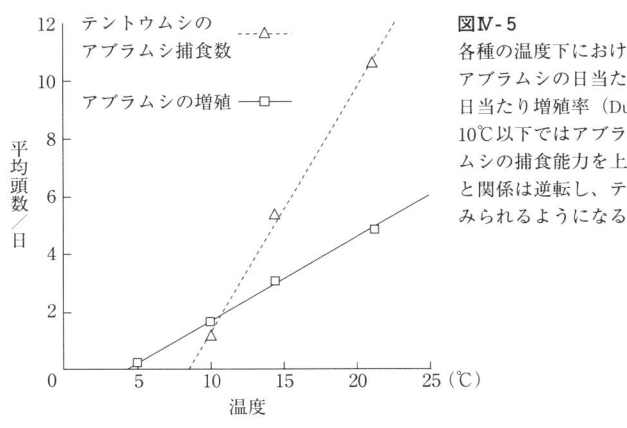

図Ⅳ-5
各種の温度下における、テントウムシによるアブラムシの日当たり捕食量とアブラムシの日当たり増殖率（Dunn 1952）
10℃以下ではアブラムシの増殖率がテントウムシの捕食能力を上回るが、10℃以上になると関係は逆転し、テントウムシの捕食効果がみられるようになる

との対では、テントウムシとカイガラムシの発育ゼロ点はほぼ同じなのにもかかわらず、発育速度はアブラムシの場合とは逆に、テントウムシのほうがカイガラムシより大きい。この両者の違いが、生物的防除の手段としてその成否を左右することになると考えている。

捕食性天敵と餌動物の各種の温度での増殖率を比較すると、低い温度域では餌動物が優位だが、ある温度以上になると捕食者が餌動物の増殖率を上回り、いわゆる生物防除の効果が期待できる例が多い。増殖率の比較とは別に、Dunn（1952）がテントウムシの日当たりの捕食数とアブラムシの日当たりの産仔数を5℃から22℃の範囲で調べたところ、10℃まではアブラムシの産仔数が捕食数を上回っていたが、10℃を超えるとテントウムシの捕食がアブラムシの増加を上回ることがわかった（図Ⅳ-5）。

天敵の効果を左右する温度以外の要因

Sabelis & Rijn（1997）はアザミウマに対する種々の捕食性天敵を比較して、大型の天敵ほど捕食能力が高く、小型の天敵ほど増殖能力が高いと結論している。捕食能力も増殖能力もともに高い捕食者というのは望めないわけで、このような現象をトレードオフと呼んでいる。増殖能力と競争能力の関係もトレードオフになっている場合が多い。したがって矢野（2000）は、「一般に放飼した天敵の直接効果を重視する場合は、捕食・寄生能力の高い天敵を、次世代以降の増殖による効果を重視するのであれば、増殖能力の高い天敵が良いと思われる」と述べている。

オンシツコナジラミに対するオンシツツヤコバチの防除効果がトマトでは安定し、

キュウリでは不安定である。またミカンキイロアザミウマに対するヒメハナカメムシの効果が、ピーマンでは安定しているのにキュウリでは安定しないのも、害虫の増殖率が作物によって違うためと思われ、キュウリではコナジラミ、アザミウマとも増殖率が高い（矢野 2000）。

　捕食性天敵にはカブリダニやヒメハナカメムシなど花粉食の習性を示す種が多く、ミカンキイロアザミウマに対するヒメハナカメムシの効果がピーマンで安定しているのは、アザミウマが少なくなったときピーマンの豊富な花粉が代替餌の役目をするためと考えられる。花粉生産が欠如するキュウリではヒメハナカメムシの生存率が低くなるためと考えられる（van den Meiracker & Ramakers 1991）。

バンカープラント、コンパニオンプラントの利用

　天敵利用の失敗例として多いのが、天敵放飼のタイミングを逸した場合である。施設では害虫の初発生の低密度時に天敵を放飼するのが原則である。しかし農家にとってはこれが天敵利用のネックになっている場合が多い。害虫が低密度すぎると放飼天敵が定着に失敗する。遅すぎても天敵の抑圧効果がなくなり、定着しても防除は失敗に終わる。天敵放飼をできるだけ簡易な技術にしないと個々の農家が利用するのは困難である。

　害虫の発生をモニタリングしないで天敵を導入できる方法としては、バンカープラントを利用する方法がある。作物と共通の病害虫をもたない植物に、害虫ではない寄主昆虫を接種し、それを温室内に設置して天敵の安定した供給源とする方法で、代替寄主の供給による天敵の保全になる。欧州ではコムギにムギクビレアブラムシ、あるいはエンバクにムギヒゲナガアブラムシを接種してバンカープラントとして温室内にもちこみ、ショクガタマバエやコレマンアブラバチの供給源とする方法が実用化している。またピーマンでは、鉢植えしたヒマの花粉でヒメハナカメムシ類やデジェネランスカブリダニを維持することで、施設ナスでのアザミウマ類の発生を抑える技術も開発されている。日本ではオオムギに穿孔するハモグリバエを用いたバンカープラント、コムギに寄生したムギクビレアブラムシをコレマンアブラバチの代替寄主に用いて、施設イチゴや施設ナスのワタアブラムシ防除が検討されている（大野 2000；長坂・大矢 2003；松尾 2003）。

　岡山県農業試験場の永井一哉（私信）によれば、バーベナをハナカメムシのバンカープラントに使って、半促成栽培ナスのミナミキイロアザミウマを防除する方法もある。バーベナで発生するのはヒラズハナアザミウマで、この種はナスの栽培ハウスに

侵入しても、ナスには実害が出ない。そこでタピアン（バーベナの品種のひとつ）をハウスの周囲に栽培すると、ナスでミナミキイロアザミウマの被害を軽減できることがわかった。しかし、タピアンはまたツマグロアオカスミカメにも好適で、ここで増殖したカスミカメムシがナスに芯止まりや奇形葉を発生させる危険があるので十分注意をする必要がある。

病害虫雑草などの抑制に働く植物をコンパニオンプランツというが、その働きは多岐にわたっている。この植物を露地圃場や施設周辺に植えることによって、天敵成虫の餌となる花粉や蜜の供給、あるいは寄主や餌を提供できる。この場合も作物と共通の病害虫がないことが条件となる（大野 2000）。

施設栽培ナスの生物的防除

高知県の安芸地区は全国有数の促成ナスの産地で、300ha、1200戸が生産に参加している。天敵利用による害虫防除をナス生産者の55％、ピーマン生産者の80％が取り入れている点でも全国の最先端を行っている。最大の害虫はミナミキイロアザミウマである。ピーマンは冬は18℃以上にするので、タイリクヒメハナカメムシの導入は時期を選ばずできる。前にも述べたように、ナスはピーマンにくらべ花粉が少ないためタイリクヒメハナカメムシが定着しにくい。したがってナスでは、定着までの2〜4週間の被害果発生をいかに少なくするかが大きな問題である。しかし一度タイリクヒメハナカメムシが定着すると、効果は高い。1999年にナスでのセイヨウオオマルハナバチの導入が始まり、ミナミキイロアザミウマに対して使用していたイミダクロプリド（商品名アドマイヤー）の散布を止め、代わりに天敵のククメリスカブリダニを入れた。これによって農薬使用が激減した。しかしククメリスカブリダニは春までは有効だが、タイリクヒメハナカメムシはその後もアザミウマを抑えるのでこれを利用することにした。

促成ナスはピーマンにくらべ夜温が低いが、最低夜温13℃の施設で3回に分けて総計2.8頭／株のタイリクヒメハナカメムシを放飼した結果、アザミウマ防除回数は2剤7回で対照慣行区の4剤13回にくらべ農薬が半減した。したがってタイリクヒメハナカメムシは1000頭で4万円するが経済的にも引き合う。問題なのはチャノホコリダニとすすかび病である。チャノホコリダニには有効な天敵がなく、農薬にたよらざるを得ない。また天敵の効果増進を図るために、厳寒期の最低夜間温度を確保するのに必要なコストなど、解決すべき問題もある。

表Ⅳ-15　侵入害虫が媒介する新ウイルス病

病　名	初発生年と県	ウイルス名	媒介種および侵入発見年	備考（寄主・伝播型・発生状況）
キュウリ黄化病	1977/78 埼玉	Cucumber Yellow virus (CuYV)	オンシツコナジラミ 1974	キュウリ、メロン、カボチャ 半永続型、接木でも伝播する
メロン黄化えそ病	1992 静岡	Melon Yellow Spot virus (MYSV)	ミナミキイロアザミウマ 1978	温室メロン 根絶される
トマト黄化葉巻病	1996 静岡	Tomato Yellow Leaf Curl virus（TYLCV)	シルバーリーフコナジラミ 1989	トマト 2001年現在9県に発生
キクえそ病	1994 静岡	Tomato Spotted Wilt virus (TSWV)	ミカンキイロアザミウマ 1990	タバコ、トマト、ダリア、スイカ、キク、ガーベラでアザミウマ類が媒介

IPMの決算

　わが国における施設栽培は侵略的外来種（Invasive Alien Species）の度重なる侵入によって、殺虫剤による化学的防除はその限界に達していた。10種近い侵入害虫のうち1978年宮崎県で発見されたミナミキイロアザミウマは最大の難防除害虫で、その被害も露地・施設を問わず大きかった。また各種殺虫剤にも抵抗性を示し、その天敵探索は原産地の東南アジアまで及んだが、1980年代後半になって岡山県農業試験場の永井一哉によって在来種のナミヒメハナカメムシが有力な捕食性天敵であることが明らかにされ、IPMの基幹技術として外来害虫の防除に土着天敵を利用する展望が開かれた。他方1990年代初め、セイヨウオオマルハナバチの利用が施設栽培のトマトで試みられ、ミナミキイロアザミウマがトマトを加害しないこともあって、トマトでのハダニ、オンシツコナジラミなどの生物的防除がマルハナバチ保護のため試みられた。トマトのIPMもトマト黄化葉巻病（TYLCV）が静岡県のトマト産地で発生したため、大玉トマトではラノーテープ＋薬剤による徹底防除によってシルバーリーフコナジラミの根絶作戦を進めている。オンシツコナジラミにはオンシツツヤコバチが有効であるが、シルバーリーフコナジラミには効果が劣るばかりか、本種はウイルス病を媒介する。新病虫害の発生はIPMにとっては致命的な打撃を与える（**表Ⅳ-15**）。

　他方、天敵への影響が少なく害虫を選択的に殺すいわゆる選択性殺虫剤が開発され、昆虫生長制御物質（IGR）に属するベンゾイルフェニル尿素系の殺虫剤やピリプロキシフェン（ラノー®）が発見された。そしてもっとも困難とされていた露地栽培ナスで、ヒメハナカメムシ類と幼若ホルモン様活性物質のピリプロキシフェン乳剤の併用によって、ミナミキイロアザミウマを中心とする露地ナス害虫の総合的害虫管理のシ

表Ⅳ-16 IPMと慣行防除の経営比較

作物	防除回数/防除費		IPMの利益（10a当たり）	防除手段
露地ナス （岡山）	慣行 IPM	6万円 1万3800円	粗収益の増加も加え11万1200円の増収	農薬 土着天敵＋選択性殺虫剤
露地ナス （福岡）	慣行 IPM	20回 ゼロまたは1回		農薬 土着天敵ハナカメムシ
施設ナス （高知）	慣行 IPM	4剤13回 2剤7回	ハナカメムシ1000頭4万円でも引き合う	マルハナバチ＋選択性農薬＋天敵＋防虫ネット チャノホコリダニが問題
施設ナス （兵庫）	慣行 IPM	延べ10回 農薬2回＋天敵	慣行に比べ55万円/10aの超過	5種類の天敵を延べ12回使用
施設トマト （神奈川）	慣行 IPM	農薬7回 農薬2回＋天敵	費用は慣行と変わらず	オンシツツヤコバチ4回放飼
施設ブドウ （大阪）	慣行 IPM	延べ4回 フェロモン＋天敵	8000円 2万5000円の支出だが1人でできる軽作業のため圧倒的支持がある	傾斜地で2人で散布する重労働。 チリカブリダニ3回＋リトルア（ハスモンヨトウ用フェロモン）
施設青トウガラシ （京都）	慣行 IPM	農薬のみ 農薬＋天敵	収益58万3728円 収益45万9039円で12万4689円/10aの減収 減所得を補うには単価を2〜5%高くする	農薬2回＋ククメリスカブリダニ＋タイリクヒメハナカメムシ＋コレマンアブラバチ＋チリカブリダニ

ステムが確立されるにいたった。

ピリプロキシフェンはカイコに対する毒性が高いため、養蚕農家の多い関東以北では使用できない。そこで、天敵を放飼する代わりに温存する方法をとっている（根本2003）。ナスの定植後（関東では5月頃）に、アブラムシ対策として除虫菊乳剤を処理する。またハダニの発生を抑えるために、ヒメハナカメムシに悪影響がないハダニ剤（コロマイト水和剤）を7〜9月に2回散布する。その結果、ヒメハナカメムシなどの天敵類が、他の害虫の発生を抑えてくれ、殺虫剤の散布回数を通常の栽培法と比較して2分の1から4分の1に抑えることも可能になった。

施設栽培では開口部の遮蔽や近紫外線除去フィルム、粘着リボンの利用など、総合的害虫管理のための技術が整備されてきた。また利用できる天敵は14種にもなり機は熟しつつある。しかしながらハスモンヨトウ、チャノホコリダニ、マメハモグリバエなど、生物的防除を中心とするIPMシステムを脅かす害虫群に対しては、IPMシステムになじむ防除法を開発する必要がある。さらに新たな侵略的侵入種に対する十分な警戒も必要である。

これまでみてきたように、天敵利用によるIPMは失敗を重ねながらも着実に進んでいる。IPMを農家が取り入れるかどうかは、農薬に代わる他の防除手段をIPMで利用する場合、その費用、労力、利用の難易度、防除の確度などが、それまでの農薬中心

表Ⅳ-17　日本、欧州、米国間の施設害虫相の均質化（Kiritani 1999を一部改変）
世界の施設害虫相は貿易自由化の流れのもと、相互侵入によって急速に均一化されている。地球温暖化がもたらす生物多様性への影響を暗示している

種　名	日本	欧州	米国
アザミウマ類			
ミカンキイロアザミウマ	○#	○#	○
ヒラズハナアザミウマ	○	○	○#
ミナミキイロアザミウマ	○#	○#	○#
グラジオラスアザミウマ	○#	○#	○#
コナジラミ類			
オンシツコナジラミ	○#	○#	○
シルバーリーフコナジラミ	○#	○#	○
ハモグリバエ類			
マメハモグリバエ	○#	○#	○
ナスハモグリバエ	○?	○	○#?
アシグロハモグリバエ	○#	○#	○#
トマトハモグリバエ	○#	×	○
アブラムシ類			
ワタアブラムシ	○	○	○
モモアカアブラムシ	○	○	○
食植性ダニ類			
ナミハダニ	○	○	○
トマトサビダニ	○#	○#	○#
ゾウムシ類			
キンケクチブトゾウムシ	○#	○	○#

○：分布する、×：分布しない、#：海外からの侵入種、？：不確実

の防除システムにくらべ有利かどうかが決め手になる。多くの場合、最初に出される疑問は経済性である。そこで施設野菜、果樹で実験的に実施されたIPMの経済評価を**表Ⅳ-16**に示した。これらの事例は少なくともIPMが経営的にもプラスの効果をもっていることを示している。

　現在、日本の施設栽培は生物的防除を中心としたIPMシステムを指向している。施設栽培農家がこの問題に真剣に取り組むようになった背景には、農薬の散布回数が多くなりすぎて、経営的にも、健康上からも、労力からも限界に達したということがある。農薬、とくに殺虫剤の増加をもたらした理由は、相次ぐ侵入害虫種の増加である。これらの外来種の侵入阻止は、港湾や空港での植物検疫に依存している。新しい侵入害虫は、その防除手段も多くは農薬にたよらざるを得ない。そのため1種の侵入害虫のために、他の既存の害虫に対して構築された生物的防除のシステムも完全に壊され

ることになる。IPMを確固としたものにするためには、たんに目の前の現象だけに目を奪われることなく、その背後にあるものも見きわめて戦略を練っていく必要がある。

地球温暖化を先取りする施設栽培

　われわれは施設栽培に100年後の温暖化の影響を垣間見ることができる。施設栽培の特徴は、冬期が高温・短日というこれまでに温帯圏の昆虫が経験したことのない環境条件である。現在の施設害虫約20種の半数は亜熱帯、熱帯起源の非休眠性の外来害虫である。残りの10種も世界共通種で休眠をもたない種ないしは系統で構成されている。さらにこれらの外来害虫はこれまで未知であった植物ウイルス病をもたらしている。貿易規模の拡大による害虫の相互侵入によって施設の害虫相は世界共通となり、露地作物にみられる地域性が失われつつある（**表Ⅳ-17**）。**表Ⅳ-17**は1999年に発表したものであるが、その当時ナスハモグリバエは米国に、アシグロハモグリバエは日本に未定着であったが、2003年現在ともに侵入・定着している。なおアシグロハモグリバエは北米系統と南米系統があり、日本へは南米系統が、ハワイ・メキシコには北米系統が侵入している（京都府立大学・阿部芳久の教示による）。この傾向は温暖化と貿易自由化によってますます加速され、短日高温条件を好む熱帯・亜熱帯の昆虫の侵入を招くと思われる。その影響はまず貯穀害虫を含む屋内害虫、次いで施設害虫、最後には人里そして自然の昆虫相にも及ぶおそれがある。現在われわれが直面している環境問題はすべてその進行速度が過去の時代に経験したことのないスピードで起こっている。速度を速めた環境変化は、1992年の環境サミットで提示された地球温暖化と生物多様性の喪失を不可分の問題として提示している。

第Ⅴ章　総合的生物多様性管理（IBM）

生き物を育てる機能

　第Ⅲ章「有機農業の明暗」の冒頭でも述べたように、都市住民が農業・農村に期待する姿は、「豊かな自然環境と共生した地域」や「環境と調和した農業が基本となっている地域」である。

　水田は米の生産以外にも多くの機能をもっている。ここではIBM（Integrated Biodiversity Management）と関係の深い生き物を育てる機能を取り上げる。水田は米を生産するために開発された農地である。生産性を上げるために、水路のコンクリート化や乾田化などの基盤整備とともに農薬や化学肥料などの資材を投入してきた。病害虫・雑草を防除する「生き物を殺す技術」と「生き物を育てる機能」は両立するものであろうか。この問題を避けては水田の多面的機能を語ることはできない。

水田生態系を構成するパッチ

　水田生態系は水田だけに限られた閉鎖的なものではなく、水田に棲む生物の行動を通して畦畔、水路、ため池、休閑地、周辺農地、雑木林、遠隔地の越冬場所にまで及ぶ。毎年日本に飛来する移動性のウンカ類にいたっては、その越冬地は3000kmも遠隔地の北ベトナムにあるのである。水田にその生活の一部または多くを依存している生物たちの保護・保全には、その生活環の完結に必要な各種の生活空間（例えば、発育段階に応じた生息場所、成虫の交尾、産卵、寝場所など）のセットが保証されなくてはならない（図Ⅴ-1）。

　水田生態系の生物多様性を保持するためには、これらを含めた管理方式が求められる。水田に生息する動植物群は、稲以外にも昆虫を含む節足動物、両生類、魚類、鳥類、雑草など多岐にわたっている。それぞれの種は、水田以外にもその生活様式に見合った生息場所を生存のために必要としているし、また同時に食物や棲み場所をめぐって、競争や寄生、捕食などの相互作用を通じて結ばれている。水田生態系は、水田

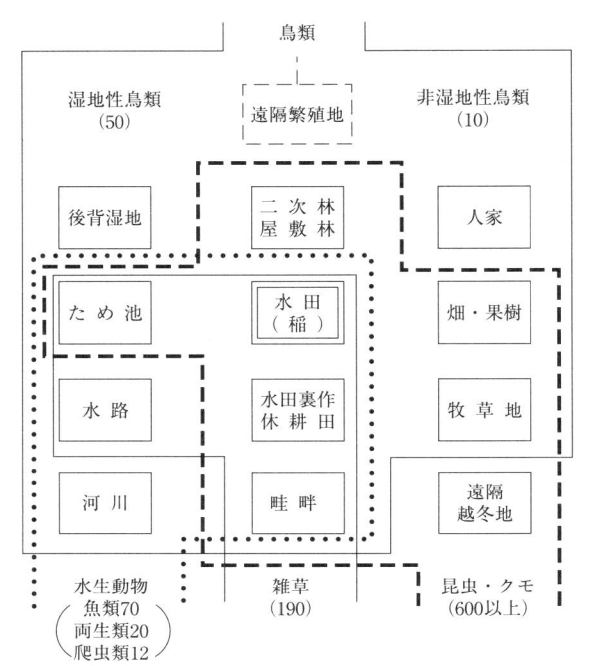

図V-1
攪乱と管理によって維持されている水田生態系と生物多様性
（ ）内は種数
水田生態系は閉鎖的なものでなく、個々の生物種の営みによって他の生息地と複雑につながっている

図中の要素：
- 鳥類
  - 湿地性鳥類（50）
  - 遠隔繁殖地
  - 非湿地性鳥類（10）
- 後背湿地
- 二次林・屋敷林
- 人家
- ため池
- 水田（稲）
- 畑・果樹
- 水路
- 水田裏作休耕田
- 牧草地
- 河川
- 畦畔
- 遠隔越冬地
- 水生動物（魚類70、両生類20、爬虫類12）
- 雑草（190）
- 昆虫・クモ（600以上）

3つのIBM

　IBMは一般の人たちにもなじみ深い言葉である。第一は米国のコンピューター製造会社の名前でInternational Business Machines Corporationの頭文字からとられたもの。第二はIndividual based model（個体ベースモデル）をさす場合である。これは、生物個体ごとの属性（発育段階、大きさ、空間位置など）、個体間の相互作用に一定の規則を設け、計算機のなかに仮想の生物集団を構築して、そのふるまいをシミュレーションで調べる方法で、最近多用されている研究手法である。そして第三がここにいう、Integrated Biodiversity Management（総合的生物多様性管理）である。詳しくは本文に譲るとして、一言で表現するなら、「ただの虫の世界」といえる。ただしここでの虫は、生物の代表としての意味合いもあることに留意してほしい。

表V-1　西日本における水田にかかわるレッドデータ種の一例（日鷹 2003）

分類群　　種名	学　名	絶滅危惧のランク	調査地
昆虫			
タガメ	*Lethocerus deyrollei*	絶滅危惧II類	中国各県・愛媛
コガタノゲンゴロウ	*Cybister tripunctqatus orientalis*	絶滅危惧I類	鳥取・愛媛・熊本
ゲンゴロウ	*Cybister japonicus*	準絶滅危惧	中国地方一帯
コオイムシ	*Dipolonychus japonicus*	準絶滅危惧	広範囲
鳥類			
トキ	*Nipponia nippon*	野生絶滅	
コウノトリ	*Ciconia ciconia boyciana*	絶滅危惧	
ナベヅル	*Grus manacha*	絶滅危惧II類	
チュウサギ	*Egretta intermedia intermwedia*	準絶滅危惧	
魚類			
アユモドキ	*Leptobotia curta*	絶滅危惧Ia類	岡山
メダカ	*Oryzias latipes*	絶滅危惧II類	各地
両生類			
ダルマガエル	*Rana porosa brevipoda*	絶滅危惧II類	岡山・広島・愛媛
高等植物			
スブタ	*Blyxa echinosperma*	絶滅危惧II類	広島・岡山
デンジソウ	*Marsilea quadrifolia*	絶滅危惧II類	愛媛・岡山
ミズアオイ	*Monochoria korsakowii*	絶滅危惧II類	中国各県

動物は、鳥類を除き環境庁編（1997以降）のレッドデータブックより。植物は、環境庁編（1997）の植物版レッドリストより

のみならず図V-1に示されるように各種の生息場所や繁殖場所が直接・間接につながって保持されている開放的な系である。そして農作業という「人間の働きかけによって形成され維持されている自然」でもある。

水田の成り立ちと生物

水田は自然湿地の代替地

　稲の栽培はわが国では3000年の昔にまで遡ることができる。モンスーンアジアでは、稲はその80％が水稲である。水稲は、水を田んぼにためたり、中干しで排水したりして栽培するので、自然条件下の一時的に形成される水深の浅い止水域に抽水植物（茎や葉の一部が水面上に伸びる植物）が成育している状況に似ている。

　水田はもともと河川の氾濫原、すなわち自然の湿地を稲の栽培に転用したものである。したがって日本でも土地改良事業で湿田が排水の良い乾田に変えられるまでは、その3分の1は湿田で、水はけが悪いため冬でも水が田んぼに残っていた。今は一部の谷津田や棚田を除いてすべて乾田化されている。また水管理を効率化するために、

表V-2 本州、四国、九州に分布するカエル類とその産卵場所（前田・松井 1989）

種 名		産卵環境
アズマヒキガエル	*Bufo japonicus formosus*	水田、一時的水たまり
ニホンヒキガエル	*B. j. japonicus*	水田、一時的水たまり
ナガレヒキガエル	*B. torrenticola*	渓流の淵
ニホンアマガエル	*Hyla japonica*	水田、一時的水たまり
ニホンアカガエル	*Rana japonica*	水田
タゴガエル	*R. tagoi*	渓流（伏流水）
ナガレタゴガエル	*R. sakurai*	渓流の淵
ヤマアカガエル	*R. ornativentris*	水田、一時的水たまり
トノサマガエル	*R. nigromaculata*	水田
トウキョウダルマガエル	*R. porosa porosa*	水田
ダルマガエル	*R. porosa brevipoda*	水田
ツチガエル	*R. rugosa*	水田、小川、渓流
ヌマガエル	*R. limnocharis*	水田
モリアオガエル	*Rhacophorus arboreus*	池沼、水田
シュレーゲルアオガエル	*Rh. schlegelii*	水田
カジカガエル	*Buergeria buergeri*	渓流の瀬

16種のうち12種が程度の差はあるが水田を繁殖場所に利用している

　従来までの土畦で作られていた水路をコンクリートによるU字溝に変え、灌漑水路も導水路と排水路に分離された。このような土地生産性と労働生産性を高めるためのインフラストラクチャの改善は、水田や水路に棲む多種の動植物に配慮されずに進められた結果、農薬の過剰投下とあいまって（第Ⅱ章の「農薬の選択的毒性」の項参照）多くの絶滅危惧種を作りだした（中川 1998）（**表V-1**）。大阪府立大学の石井実（私信）によれば、レッドデータブックに掲載されている昆虫296種の約75％が里山にみられるという。

　水田は米の生産場所であるばかりでなく、人間以外の生物にとっても湿地の代替地として生存に不可欠の場所でもある。ちなみに国立公園面積205万haに対し水田は170万ha、その1割が休耕田である。自然湿地がほとんど失われてしまった現在、これらの生物にとっては水田がかけがえのないものとなっている。

水田の生物相

　日本は欧州の国々とくらべても、カエルの種類は豊富で、日本の37種に対し、いちばん多いフランスでも18種、英国にいたってはわずか3種である。このカエルの多様性は、雨の多い気候と水田が大きく寄与している。日本本土にはカエルの在来種は14種いるが、そのうち9種が（長谷川 1999）、また前田・松井（1989）によれば16種のうち12種が水田を産卵場所としている（**表V-2**）。小山淳ら（未発表）が宮城県の水

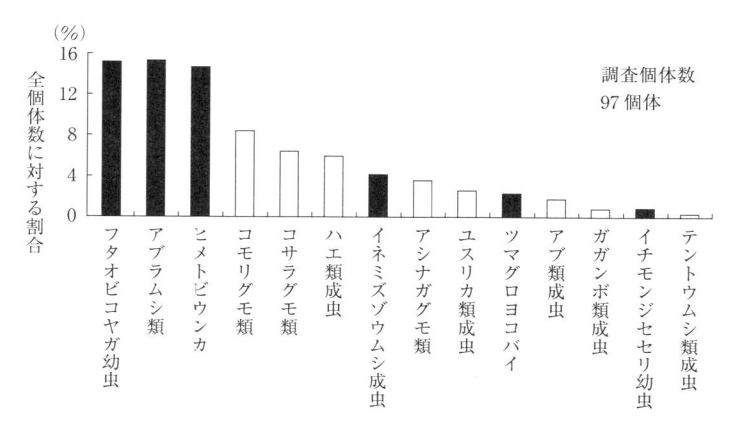

図V-2 場内水田内から採集したニホンアマガエルの胃から取り出した未消化
　　　餌動物の種類と出現頻度（2000年9月7日調査）（小山ら　未発表）
　　　註　棒グラフの黒塗りは害虫類であることを示す

表V-3　徳島県における水田昆虫の食性別構成（小林ら　1973を一部改定）

食性分類	虫名	種数	個体数	%
食植性		269	554.3	90.0
水稲害虫	ヨコバイ、ウンカ、バッタ	41	308.3	50.0
食腐植種	キモグリバエ	59	19.5	3.2
その他の種	ユスリカ、トビムシ	169	238.3	38.6
食肉性		298	62.4	10.0
捕食種	クモ、アメンボ	102	20.8	3.4
寄生種	寄生蜂、アタマアブ	151	17.0	2.8
吸血種	ヌカカ、カ、アブ	26	24.3	4.0
食腐肉種	ニクバエ、ハヤトビバエ	19	0.4	0.0

ここには567種があげられているが、水生昆虫は含まれていない

　田でのニホンアマガエル97個体の胃内容物を調べたところ、害虫をはじめ、クモ、ただの虫などいろいろなものを捕食していた（図V-2）。
　また本土に発生するトンボ目の30％、31種が水田を産卵場所としているという（上田　1998）。そのほかにも、カメムシ目のコオイムシ、タガメ、タイコウチ、ミズカマキリ、またコウチュウ目では各種のゲンゴロウ、ガムシ、ホタルなど多数の水生昆虫が水田を繁殖場所に選んでいる。
　他方、戦前までの恒常的水稲害虫は、ニカメイガ、これに混じって西日本ではサンカメイガであった。そして、時としてトビイロウンカの大発生に見舞われ、大減収に

表V-4　水田昆虫群集の成り立ち（桐谷 1998）
　　　　大きく分けて3つの要素群から成り立っている

起源	移動性	例
稲の同一圃場での連作（永年作物的存在）	定住性昆虫	ツマグロヨコバイ、アタマアブ、ニカメイガ、コモリグモ
毎年の移植と刈り取り（一年生作物的存在）	移動性昆虫	トビイロウンカ、コブノメイガ、カタグロミドリカスミカメムシ
湿地から水田への転換	止水性昆虫	ゲンゴロウ、タガメ、ミズカマキリ、ガムシ、ヘイケボタル、アキアカネ

なるというのが平均的な姿であった。BHCの登場までは、ウンカの防除には鯨油を田面に撒き、そこへウンカを叩き落として溺死させるという注油駆除法が250年も続いていた。

　水田に生息する昆虫を含む節足動物相の研究は、小林ら（1961；1973）が徳島県で行なうまでは包括的なものはなかった。彼らは、1954年と1955年に調査をした結果、13目134科567種を記録した（表V-3）。彼らの調査では水生昆虫は対象に含まれていない。水田における水生昆虫相の研究は、伴・桐谷（1980）の報告が日本では最初である（日鷹 1998）。矢野（2002）は山口県での詳細な水田昆虫の種類相の調査から、種類は1000種以上がみられ、そのうち131種が稲を加害する害虫としている。同じような調査が最近になって熱帯アジアでも行なわれている。フィリピンでは、ネズミや病原菌、センチュウも含め645種を記録している（Cohen *et al.* 1994）。

　インドネシアの水田ではSettleら（1996）が765種を記録し、捕食者（40%）、捕食寄生者（24.4%）、食植者（16.6%）、腐食・プランクトン食者（19%）で、天敵類は全種の65%を占めている。

水田の昆虫相

　このように数百種に及ぶ昆虫相も、偶発的に採集されたものを除くと、水田昆虫相は稲の連続栽培を反映した定住性昆虫と、一年生作物としての非連続性を反映した移動性昆虫、さらに後背湿地の生物相を反映した止水性水生昆虫から成り立っている（**表V-4**）。定住性の昆虫は、ニカメイガのように幼虫が稲ワラや刈り株内で越冬したり、ツマグロヨコバイのように畦畔や休閑田の雑草間で越冬したりしている。これに対し移動性昆虫は日本本土では低温のため越冬できない種類で、トビイロウンカやコブノメイガのように毎年、中国大陸から低層ジェット気流に搬送されてくる。第三のグループは、もともと湿地に生息していた水生昆虫群で、失われた湿地の代替地として水田を繁殖に利用している。また一部はイネハモグリバエのように（加藤 1953）、

湿地の植物、ここではマコモに寄生していたものが、寄主転換により稲の定住性害虫になっている。

　過去半世紀を振り返ってみると、定住性害虫、すなわちニカメイガ、サンカメイガ、ツマグロヨコバイ、ヒメトビウンカと後者2種がそれぞれ媒介する稲の萎縮病、縞葉枯病などの被害は非常に少なくなった。サンカメイガのように日本本土から姿を消したものまである（図Ⅱ-3、Ⅲ-2を参照）。これに対して、移動性害虫は現在もなお衰えていない。しかし、かつてはトビイロウンカが主要害虫であったのが、中国でのハイブリッド品種の栽培普及によって、日本に飛来するウンカはトビイロウンカに代わってセジロウンカが増加している。また、水田生物相からみると、最近日本に侵入したイネミズゾウムシ（1976年にカリフォルニア州より侵入）や、1981年に台湾から養殖用に輸入した南米原産のスクミリンゴガイの放棄による、水田および灌漑用水路での定着も無視できない。したがって、現在の稲作害虫は、日本に定着できない移動性害虫（これも外来害虫である）と定着した侵入害虫が害虫相の主流を占めている。戦後の水田の管理は、1970年までは米の生産性、それ以後は米質を上げるため、それを阻害する病害虫、雑草の防除が農薬の利用を中心として進められてきた。米の品質を落とすカメムシ類は現在の最大の害虫である。その防除でそば杖をくったのが水生昆虫である。

水生昆虫

　水田にその生活を依存する水生昆虫は大まかに3グループに分けられる。(1)カゲロウ、トンボ、ユスリカ、ホタル、カワゲラ、カなどのように幼虫期だけ水中で過ごし、成虫期は陸上で過ごすもの。(2)タガメ、タイコウチ、ミズカマキリなどの水生カメムシ類、ゲンゴロウ、ガムシ、ミズスマシなどの水生コウチュウ類は、成虫が越冬地に移動する種を除いては一生を水中で生活する。(3)アメンボ類は水面上で生活し、水面に落下した小動物を捕食する半水生昆虫である。

幼虫期水中生活者——アキアカネ

　トンボ目の多くは水域で羽化したのち、成熟するまで付近の樹林内で生活する。水田ではアカネ属が種数、個体数でも群を抜いている。水田には6種のアカネ属とノシメトンボが産卵する。翌春、水が入ると卵は一斉に孵化し、幼虫は水田で成育する。また隣接林地はミヤマアカネを除くすべての種の前繁殖期の生息地となっている（田口・渡辺 1985）。

　最近、日本特産種であるアキアカネが減少している。アキアカネは水田で卵で越冬

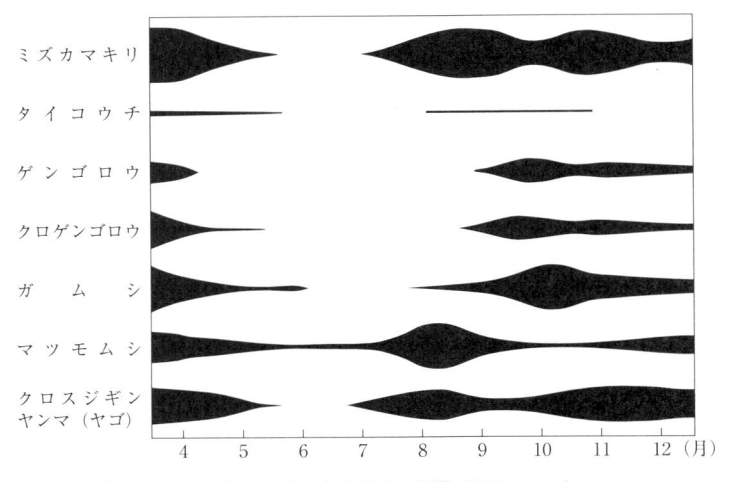

図V-3 ため池における水生昆虫の動態（日比ら 1998）
ため池にみられない期間は水田に移住、繁殖している

し、梅雨の中休み頃に成虫になり、高地に移動し、そこで夏を越した個体が秋に下山して、稲刈りの終わった水田で産卵しその生涯を終える。減少の理由は農薬のせいにされているが、新井（2003）によれば、6月に水入れをする埼玉県の無農薬水田で5年間アキアカネの発生を調べたところ、まったく発生をみなかった。アキアカネの減少は、水田への導水時期と関係があるようだ。昔は水はけの悪い湿田が多かったため、春に孵化した幼虫（ヤゴ）は導水の時期に関係なく成育できた。孵化した幼虫の生存限界が5月一杯のため、6月に田植えを行なうところでは幼虫は死滅し発生できないのである。早生品種の栽培で刈り取りが早まり干上がった田面は卵の死亡率を高める。そのうえ水田の乾田化によって秋の産卵場所までも奪ってしまったのである。

完全水中生活者——ミズカマキリ、タガメ、ゲンゴロウなど

グループ2に属する水生昆虫類は、田植えのために水田に水が入ると、成虫はため池から水田に産卵のため飛来する。幼虫は食物の豊富な浅水域の水田で成育したのち、新成虫が再びため池にもどる（日比ら 1998）（図V-3）。この発見は水田の水生昆虫研究に画期的な展開をもたらした。島根県での調査では、種類数ではため池と水田では逆の傾向を示し、5月中・下旬（田植え1カ月後）には、ため池6種に対し水田で最高の20種がみられ、中干しの8月下旬にはため池22種に増えたのに対し、水田では7種となった。この調査では31種のうち26種が池と水田の両方を利用していた（西城

表V-5　主な水生昆虫の生息場所と繁殖場所の使い分け（西条 2001）

種	主な生息場所	主な繁殖場所
ヒメマルミズムシ	池	池
クロゲンゴロウ、ゲンゴロウ、ガムシ、マツモムシ	池	田
ケシゲンゴロウ、ツブゲンゴロウ、ミズカマキリ	池	田に限定
クロズマメゲンゴロウ、ヒメゲンゴロウ、オオコオイムシ	田と池	田
タイコウチ	田	田
コミズムシの一種（*Sigara* sp.）	田	田に限定
コガシラミズムシ、マメゲンゴロウ、ヤマトゴマフガムシ	池	田？

2001）。

　主な種類について、その生息場所と繁殖場所を示した（表V-5）。これによると、タイコウチとコミズムシの一種はもっぱら水田に生息し、ため池をほとんど利用していない（図V-3参照）。他方、ミズカマキリやガムシは水田とため池を使い分けている典型的な種である。しかし越冬場所はミズカマキリがため池などの恒常的に水があるところであるのに対し、ガムシは湿地を選択するという（向井康夫・石井実 私信）。タガメの繁殖地はほとんどが耕作水田で、新生成虫は水田の落水後に、水路、河川、保全田、特定のため池に移動する。しかし越冬は水田周辺でなく里山の雑木林の林床で行なう（日鷹一雅 私信）。

　このように生活史の大部分を水中で過ごす止水性の昆虫の多くは、安定したため池にとどまることなく、一時的水域の水田を利用している。ある地域での水生昆虫相を維持するためには、恒久的水域と一時的水域が共存する環境が重要であることを示している。

　このような時間的棲み分けの理由は食物ではないかと考えられている。その理由は、(1)一時的水域は乾期には陸生生物の生息地となり、それらの排泄物、死体が水が入ると腐食連鎖で水生動植物に利用される（Mozley 1944）。(2)田植え直後に植物プランクトン、続いて動物プランクトンが増える（倉沢 1956）。さらに昆虫や両生類の幼生なども池よりも水田の方が豊富なためと考えられる。水田の食物連鎖を通じての物質循環の今後の研究課題である。

水田生態系の多様性

多様な餌動物

　私は、「これからの農業は、農業生態系の多様性・安定性・生産性をいかに両立しかつ適正に管理するかが中心課題となろう」と主張した（桐谷 1975）。水田ではキク

ヅキコモリグモの餌メニューの80%をツマグロヨコバイが占めている。しかしツマグロヨコバイだけではこのクモは発育を完了できず、成虫の産卵数も少ない。ミギワバエやメイガの幼虫をツマグロヨコバイに混ぜて与えると産卵数は飛躍的に増える。生態系が正常に機能するためには、種の多様性も必須条件なのである（鈴木・桐谷1974）。

水田初期の昆虫優占種はユスリカ類である。ユスリカの発生に続いてクモ類が水田

ゲンゴロウ

　2000年に改定された環境省のレッドリストで、ゲンゴロウが準絶滅危惧種に加えられた。兵庫県から岡山県にかけての中山間地域では、タガメとくらべてゲンゴロウの生息域、生息数はかなり減少している。兵庫県では今や風前の灯状態である。

　ゲンゴロウはおそらく水底の泥のなかで成虫で越冬していると思われる。産卵期は4月下旬～6月中旬で、この時期になると繁殖のため水田に移動する。卵は約1.2mmで水中の植物組織内に産みつけられる。約2週間で孵化する。稲（30cm未満の苗）をかじることがあっても、けっして産卵しない。稲以外の多くの水田雑草に産卵する。稲は茎の中空部が太く、卵が産卵部位にとどまらないので産卵を避けるのではなかろうか。以前は水苗代に生えている水田雑草に産卵していたと思われるが、現在では水苗代がないので本田に水がひかれ水田雑草が生えてくるのを待たなくてはならない。兵庫県では5月末になる。7月中旬には中干しで田はカラカラになり、蛹化のための上陸以前に、おおかたの幼虫は死滅する。かつては、棚田（谷戸）には半湿田や、中干ししても水溜りが残る田が多かったが、圃場整備の結果少なくなった。また素掘り溝が山側の縁に導排水や水温を高めるために掘られていた。この溝は各種の水生動物に生息場所を提供していた。

　市川憲平はゲンゴロウなどの水生動物のために、「圃場整備によって溝つきの田を新たに作りだせないだろうか。乾田化されても、溝が残されればゲンゴロウなどへの影響も少ない」と主張している。除草剤で草が生えない田では産卵場所がないため、またコンクリート畦、波板囲いも蛹化を畦でするため致命的になる。

（市川憲平　2002　ため池の自然　No. 36. 2002：9-15より）

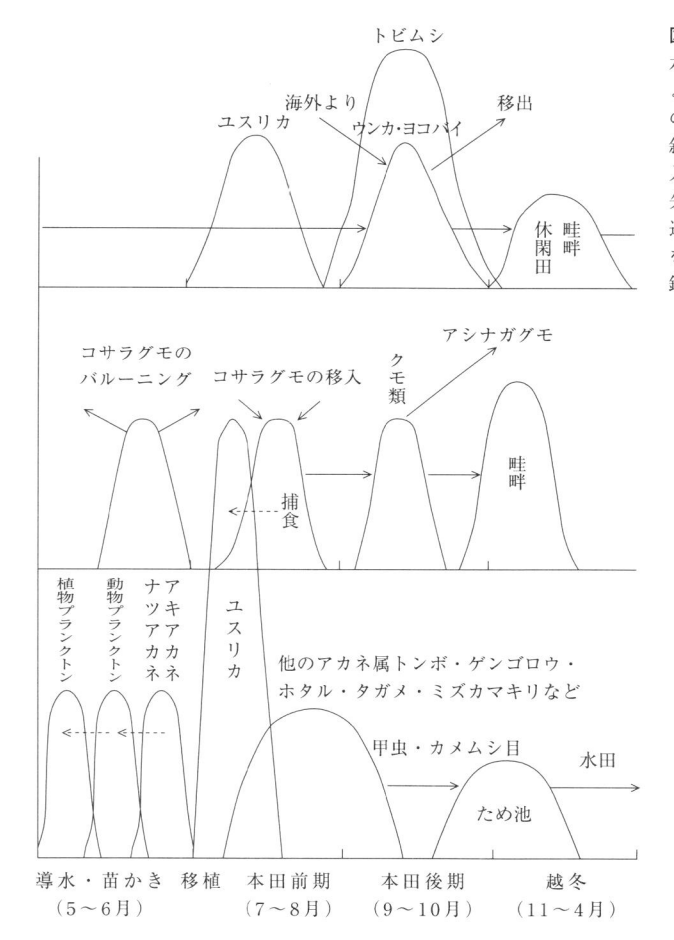

図V-4
水田における主な昆虫群およびクモ類の発生パターンの時間的推移
斜めの矢印は水田への移入・移出を表わす。水平の矢印は水田内または隣接・近隣への移動を示す。破線をともなった矢印は食物連鎖を示す

に侵入してくる。ユスリカが多いとクモも密度が高まり、後期に増加するウンカ・ヨコバイの抑止力として働く。ニカメイガ1化期の防除が早期に行なわれると、ユスリカやクモだけを殺す結果、1カ月後にウンカ・ヨコバイの誘導異常発生を招く（**図V-4**）。また、天敵としてクモが有効だといっても、クモ密度が高すぎると、餌不足や共食いが起こって生存率が低くなって減少し、ツマグロヨコバイが逆に増えることが数理モデルで示され、天敵の利用にも餌とのかねあいが必要なことがわかった。「過ぎたるは及ばざるがごとし」という諺は自然現象にも当てはまるのである。これ

らの仕事には、多数のクモに番号札をつけて追跡したり、夜を徹して田んぼでクモの活動を観察するなどの苦労を強いられた。

水田にはアカボシヒゲナガトビムシやアヤトビ科の一種がいるが、ともに菌食で紋枯れ病菌や灰色カビ病菌を食べることもわかってきた（日鷹 1994）。ヘイケボタルの幼虫もスクミリンゴガイの稚貝を捕食する（近藤・田中 1989）。ササキリ類は稲の葉

直接観察法による捕食量の推定

食うもの食われるものの関係は、寄主と捕食寄生者の関係よりも調べるのが難しい。なぜなら寄生の場合は、寄主（卵、幼虫、蛹）を集めることによって寄生されている個体は認識できる。これに対し、捕食者による捕食数や率を調べるのは餌動物が食われてしまうため証拠が残らない。しかも寄生の場合と異なるのは、餌の種類が複数になるのが普通である。何を食べているかは、カエルなどでは胃内容物を解剖して調べることもできるが、クモでは餌動物を噛み砕いて肉団子にするのでそれは不可能である。血清もある特定の餌動物を抗原にして作られる。それを使っても特定餌動物を何匹食べたかの推定値を得るのは難しい。解剖法でも血清法でも捕食者を殺すことになる。捕食の現場を張り番して抑えるのが可能ならいちばんよい。幸いクモは水田ではウンカやヨコバイを捕まえ、肉団子にして食べる。この方法なら食うものも食われるものも人為的に個体数が操作されることはない。問題は人手と忍耐である。そこで研究室総出で田んぼのなかに座りこんだ。しかしクモの捕食活動はほとんどみられなかった。うかつにもクモの捕食活動は夕刻から夜間にかけて活発化することに気づいていなかった。1時間ごとに田んぼに入り、静かに観察をする。クモは動くものに反応するので、餌動物を刺激するとみかけ上の捕食頻度の過剰推定になる。クモの種類、餌の種類、発育段階を記録する。こうして捕食活動の日周リズムを24時間にわたって調べる。室内では、クモが餌動物を摂食するに必要な時間を調べておく。これらのパラメーターが得られたらクモの捕食量は推定できる。私はこれをsight - count methodと名づけた。キクヅキコモリグモは室内実験では1日当たり7.5頭のツマグロヨコバイを食べるが、野外ではその10分の1しか餌にありつけていないことがわかった。（桐谷圭治　1973年「害虫に対する天敵の役割の量的評価法」植物防疫　27：113-116より）

や穂を加害する害虫と思われてきたが、卵巣の成熟には肉食が不可欠で、ニカメイガ卵塊を捕食する有力な天敵であることもわかった（野里・桐谷 1976）。

天敵がつなぐ畑地と水田

1950～1970年頃はハスモンヨトウが畑地でしばしば大発生していた。水田でもっとも密度も高く普通にみられるのはコサラグモ類である。高知県では、休閑田や畦畔で越冬したコサラグモが5月末になると一斉に糸を出して、バルーニングによって畑地

コサラグモによるヨトウ幼虫集団の攪乱

　1970年頃はまだ国外からの侵入害虫はいなかったので、ハスモンヨトウは高知県の施設栽培の最重要の害虫であった。そこで、その生態の研究を、調査がしやすい露地のサトイモを使い、室内で産卵させた卵塊をサトイモの葉に接種し、幼虫が蛹化のため土中に潜ってしまうまで追跡することにした。いわゆる「生命表」の作成である。

　ところが発生初期の6月に最初の卵塊接種をしたところ、数百の孵化幼虫を数えた翌日に調べると、数匹しか残っていない。周りをみても天敵らしきものはいない。夜の間にいなくなったのであるから、とにかく徹夜で見張ることにした。蚊取り線香を腰に、マムシよけの棒と懐中電灯をもって山の畑を定期的に見回るのは楽ではない。独身の若い研究者がこの役をかってでた。

　夜9時頃に彼が研究所のわれわれの住宅に息を切らして転がりこんできた。昼間はサトイモの根際の株間に潜んでいたコサラグモが、孵化幼虫集団を攻撃しはじめたという。駆けつけてみると、コサラグモは確かにヨトウ幼虫を食べているが、攻撃された幼虫集団の大部分の個体はどんどん葉の縁に移動し、糸を吐きながら垂れ下がり始めた。よくみると食われているのはせいぜい1割程度の20～30頭で、残りの多くは餓死による間接的死亡とみられた。このクモによる攻撃は、例外なく1頭によって行なわれる。

　このクモは水田ではウンカ、ヨコバイ、ユスリカなどを餌とする雑食性である。それが畑地ではハスモンヨトウ幼虫のスペシャリスト的捕食者として働いていた。梅雨が明けるとこのコサラグモはばったりと姿を消す。暑い畑地を避けて水田に移るのである。

　　　　　　　　　（桐谷圭治・中筋房夫『害虫とたたかう』1977年より）

表V-6　5月中下旬の2週間に10個の落とし穴トラップで採集されたオサムシ類と腐肉食昆虫　（静岡県伊東市、2003年）　（山下・桐谷　未発表）

種類	休耕田A	休耕田B	草地	雑木林A	雑木林B	雑木林C	雑木林D	自然林
アオオサムシ	8	0	0	0	0	0	0	7
ルイスオサムシ	3	0	9	16	0	0	2	4
ヒメマイマイカブリ	1	0	1	0	0	0	0	0
スジアオゴミムシ	3	1	0	0	0	0	0	0
ツヤヒラタゴミムシ（$Synuchus$）属	13	1	0	8	36	1	164	11
ヒョウタンゴミムシ類	68	0	0	0	0	0	0	0
マルガタゴミムシ（$Amara$）属	21	14	1	0	0	0	1	0
その他のゴミムシ類	7	1	0	0	0	1	0	5
オオヒラタシデムシ	3	25	3	5	0	0	0	4
ハネカクシ類	2	0	0	0	1	0	0	0
エンマコガネ類	1	0	0	0	0	0	0	1

註　種名は現在同定中であるが、休耕田Aがそれ以外の調査地のすべての要素を含んでいることに注目したい。休耕田Aは10年間休耕、年2回草刈りを行ない、レンゲ、ひまわりを植栽した年もある。現在はシキビを一部に植えている

を含む周辺部に分散する。サトイモ畑に定着した個体は、ハスモンヨトウの孵化幼虫集団を夜間に襲う。そのため梅雨明けの7月中頃までのハスモンヨトウの生存率は極端に低い。梅雨明けとともに畑地は高温乾燥条件になり、好湿性のコサラグモは一斉に水田に移動する。それとは裏腹にハスモンヨトウ幼虫の生存率は高まり、しばしば秋口にかけての大発生をもたらす。このことからもわかるように、BHCによる水稲害虫防除がクモ密度を低めることによって、畑地でのハスモンヨトウの大発生をもたらしていたことになる。生態系の多様性がIPMでも重要なことをこの研究は教えてくれた（桐谷・中筋　1977）。また、佐賀大学の藤條純夫らによれば、秋雨前線にともなって朝鮮半島方面からのハスモンヨトウの異常飛来があることが明らかになり、秋の多発生に大きく関係している可能性もある。

侵入害虫――在来天敵

　土着のヒメハナカメムシ類が、ミナミキイロアザミウマなどの侵入アザミウマ類に対して、有力な天敵として働いていることが明らかになった。これらを温存することによって、難防除害虫である露地ナスでのミナミキイロアザミウマの総合防除が可能になった（永井　1993）。さらにナス畑周辺の水田、雑草地がヒメハナカメムシの重要な供給源であり、白クローバはナミヒメハナカメムシの、水田とイネ科雑草はツヤヒメハナカメムシの生息地となっていることがわかってきた（Ohno & Takemoto 1997）。

休耕田とオサムシ相

　水田は冬の期間は休閑したり、畑作物が栽培される。最近では減反政策により長期

の休耕田も水田面積の10%を占めるようになっている。隣接する水田でもそこに生息する生物種がまったく異なることは、しばしば経験するところである。落とし穴トラップを使って、休耕田で多食性捕食者であるオサムシ類と腐肉食昆虫相を調べたところ、数百メートル離れた２つの休耕田では、非常に大きな違いがみられた。自然林を

「ただの虫」

　私はこれまで半世紀の間、研究を通して害虫と付き合ってきました。戦前は、害虫からいかに作物を守るかという「作物保護」の時代でした。ウンカは高価な鯨油を田んぼに流して防除していましたし、メイチュウの卵を手で取れるように苗代の幅も狭くしていました。この時代には赤トンボもホタルも自然に保護されていたのです。戦後には、DDTやBHCなどの化学農薬が開発され、害虫を効果的に殺すことができるようになり、守りの防除から攻めの防除に変わりました。農家もこれを消毒すると言い、作物以外の生物は皆殺しにする思想でした。消毒することはよいことだという錯覚による過剰な農薬依存の結果は、害虫が抵抗性を獲得、農薬の作物残留や環境への流出、天敵も殺され新たな害虫の出現となりました。同時に赤トンボやホタルも姿を消したのです。

　農薬一辺倒の反省から、減農薬とともに、フェロモン、天敵、抵抗性品種などを総合的に利用して害虫を低密度に管理する「総合防除」または「害虫管理（IPM）」が提唱されました。害虫も少なければもはや害虫ではなく、天敵の餌としての益虫です。害虫を害をしない程度の「ただの虫」にするのが「害虫管理」の考えです。最近、「ただの虫」の役割が見直され、彼らが「ただならぬ」働きを農地でしていることがわかってきました。また田んぼは、もとは自然の湿地に住んでいた水生昆虫たちが繁殖の場所として利用しています。作物と害虫とその天敵だけに注目するのではなく、農地に住む生物たちと「共存」する農業のあり方を考えようというのが「総合的生物多様性管理（IBM）」です。保護が叫ばれているタガメやゲンゴロウも戦前は養魚場の大害虫でした。かれらが絶滅も大発生もしないような農業生態系の管理こそ、後世代に残すべき持続的農業のあり方です。保護、防除、管理の道をたどった私たちは、「共存」をキーワードに未来の農業のあり方を探りつつあります。

（桐谷圭治　伊豆新聞　2003年6月8日より）

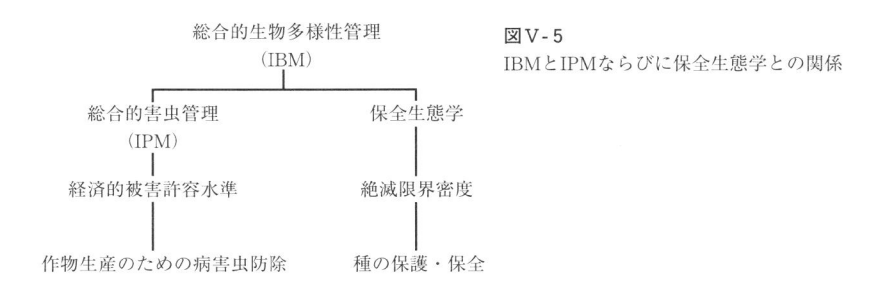

```
          総合的生物多様性管理
               (IBM)
         ┌──────┴──────┐
    総合的害虫管理        保全生態学
      (IPM)
        │                │
   経済的被害許容水準     絶滅限界密度
        │                │
  作物生産のための病害虫防除   種の保護・保全
```

図V-5
IBMとIPMならびに保全生態学との関係

含めた各種の林床での昆虫相と比較しても、休耕田Aはおよそすべての種が生息するという多様性を示した（表V-6）。水田地帯に点在する休閑、休耕田が水田生態系の多様性に果たす役割も無視できない。

最初に姿を消すもの

東京都杉並区下高井戸での観察では、都市化とともに最初に生息場所を失って消えていくものは水生生物であるということがわかった。品田ら（1986）によれば、1948年頃にそれまで分布していたホタルがみられなくなり、1957、58年にはトンボ、フナ、1958、59年にカエル、1960年にザリガニとわずか数年で水生生物がみられなくなった。次いで1960年にカブトムシ、65年にウマオイ、67年にはトノサマバッタと食植性や雑食性の昆虫が姿を消したという。

ただの虫

IPMでは天敵の働きを最大限利用することが大前提になっている。天敵の餌や代替寄主になる「ただの虫」も温存する必要がある。また天敵に影響の少ない選択性殺虫剤を選ばなければならない。害虫も経済的損害を与えない程度の密度に保持できればそれは天敵の餌としてむしろ益虫にすらなる。そのため害虫、天敵、天敵の餌となるユスリカなどの「ただの虫」や直接生産に関係しない水生昆虫の管理をも含めたより高次の「総合的生物多様性管理」（IBM）の方策を確立する必要がある。

IBMの理論

IPMと保護・保全との関係

IBMは防除と保護・保全を対立ではなく、両立させるために提案された理論である（図V-5）（桐谷 1998；Kiritani 2000）。水田に生息する代表的な昆虫・センチュウを、防除という経済的な視点から、害虫、ただの虫、益虫（天敵）の3グループに、保

表V-7　IBMの対象昆虫

		多	普通	稀
減少←IPMの目的→増加	害虫	ツマグロヨコバイ	ニカメイガ	サンカメイガ
	ただの虫	トビムシ	アカトンボ	タガメ
	益虫	サラグモ	コモリグモ	ウンカシヘンチュウ

（保護・保全の目的　→増加）

写真V-1　カエルを捕食するタガメ（松村松年著『昆虫物語』東京堂〈1934〉さし絵より）

護・保全の視点からはその密度を尺度に、個体数が多い、普通、稀の3段階に分け、それぞれの種類の位置関係を相関表に示した（**表V-7**）。

IPMの考え方だけでは十分にカバーしきれないのは、**表V-7**の右端に位置するサンカメイガやタガメである。サンカメイガは第二次大戦後の1945～1950年代には西南暖地を中心に13万haに発生していたが、今では日本本土から絶滅し、わずかに南西諸島あたりで痕跡的に生き残っているのではないかと思われる。種の保護・保全の立場からみれば、害虫をただの昆虫にすればIPMの目的は達成されたのであって、絶滅にまで追いこむのは行きすぎである。現在、1匹数千円で売られ、絶滅危惧種にランクされているタガメも（**写真V-1**）、かつては「淡水におけるまぎれもない悪魔で養魚上の大害虫（素木 1954）」であった。このことはタガメの過保護だけではなく、被害許容水準以下に密度を管理する必要性を示している。

IBMの時間的展開

IPMでは各種の害虫の密度を経済的被害許容水準以下に維持管理するのに対し（**図V-6上**）、保護・保全では対象種の密度を絶滅限界密度以上に引き上げる努力が要求される（**図V-6中**）。高密度では害虫になるおそれのある種では、さらにその密度を被害許容水準を超えないように管理する必要がある（**図V-6下**）。**図V-6**ではIBMの管理手法を時間経過によって示したが、これを空間的な広がりでも考えることができる。

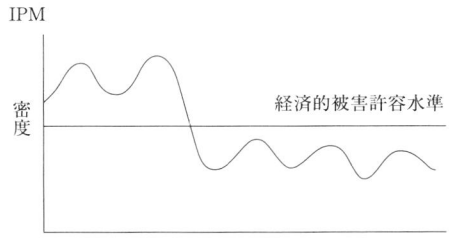

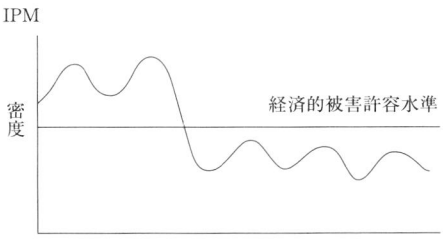

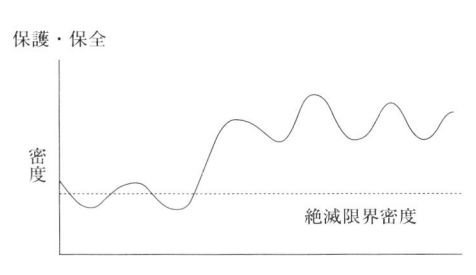

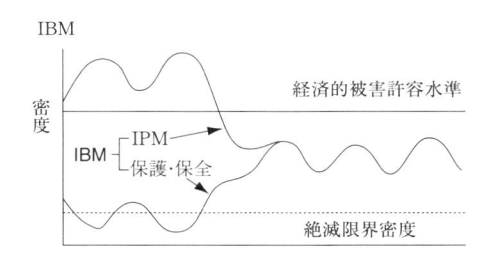

図V-6
時間を軸にした場合のIBMとIPMおよび保護・保全との関係
IPMでは害虫の密度を経済的被害許容水準以下に管理するのに対し、保護・保全では希少種の密度を絶滅限界密度以上の密度に保持することを目的とする。IBMはこの両者の立場を総合したものである

IBMの空間的展開

　水田生態系に棲む生物は図V-1に示したように、その生活を水田だけに依存しているわけではない。水田生態系の構成要素でみれば、IPMと保護・保全は図V-7に示すように、水田、畦畔、水路、ため池、二次林と水田からその周辺へと両者の相対的管理強度は異なるであろう（図V-7）。相互に交わる2本の直線は、任意に描いたもので、直線でも曲線でも、また交差する点も目標にする生物や地点によっても異なることはいうまでもない。

　田んぼを囲む畦は、面積は小さいながらもクモ類の重要な棲み場所である（川原1975；Way & Heong 1994）。水が引き入れられたり、耕起されると田んぼに棲むクモ類も一時的には畦に避難し、農作業が終わるとすぐさま再侵入してくる（川原

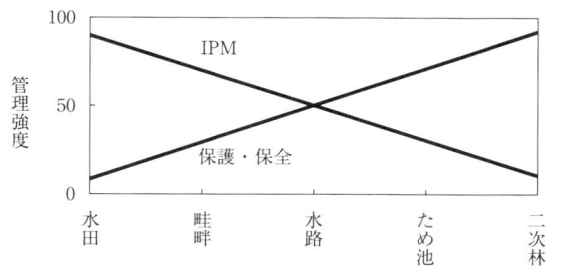

図V-7
空間（構成要素）を軸としたIBMとIPMおよび保護・保全との関係

1976；Hidaka 1997)。

　水田は本来、米を生産する目的で維持されている農地である。その生産力は平野部と山間部、あるいは乾田と湿田では同じではない。山間部の湿田は平野部の乾田にくらべ昆虫類に限れば保護・保全の対象になる種類も個体数も多いと思われる。平野部の乾田ではIPMの比重が大きく、生産を指向するのに対し、山間部の湿田では保護・保全の比重が一般的に大きい。また第Ⅲ章「有機農業の明暗」でも述べたように、個々の農作業は水田に生息する生物に異なった影響をもたらす。一見同じような水田も、それぞれが違った生物群の顔をもっている。水田生態系はこうして地域全体として、時間空間的に適切な「総合的生物多様性管理」が行なわれることが期待される。

IBMは水田に限らない

　IBMの考え方は水田に限られたことではない。他の農業システムにも適用できる。農地でも、施設栽培では第Ⅳ章でも述べたように、その構成昆虫相の半数は外来昆虫で占められている（**表Ⅳ-5参照**）。ここでは保護・保全の要素はほとんどなく、IPMが最大の比重を占める。したがって施設栽培は**図V-7**の水平軸の左端に位置する。これに対し、熱帯の農家の裏庭（インドネシアではプカランガ〈屋敷地農園〉と呼ばれ、その生産性が注目されている）には、栽培植物を含め時には100種を超える植物が成育し、構造的にも熱帯林に匹敵するといわれている。そこには植物の多様性を反映して、さまざまな生物が生息し、複雑な生物間の相互関係を通して比較的安定した生物群集を構成していると考えられる。この裏庭は水平軸右端、すなわちIPMよりも保護・保全の比重の大きいIBM戦略が主流となるのである。すなわち水田生態系（**図V-7**）における二次林のような性格をもったものである。

水田のIBM

多様性の維持に有利なアジアの水田

　水田は農業生態系のなかでは、抜きんでて「持続的な農業生産システム」である。湛水と中干し、収穫期の水抜きは、嫌気的条件と好気的条件を交互に作りだす結果、各種細菌の働きを高め、有機物や農薬の分解を容易にする。湛水によって作りだされる嫌気的条件は雑草の発芽を抑える。また灌漑水そのものが稲の栄養物質を運びこんでくる。さらに、米国などにくらべ、日本をはじめアジアの稲作形態は生物の多様性を維持するのにはるかに適している。日本の農家の80％は水田所有面積は2ha以下であるのに対し、米国では60％の農家が40〜200haを所有している。人間の働きかけによって維持されている農地などの二次的自然は、この小面積から産みだされる生息場所の多様性であり、アジアや日本の水田環境を特徴づけている。農業生態学（Agroecology）の立場からは、米国などでは大面積の同じ作物の単作がもたらす問題があるのに対し、アジアでは小面積での集約的栽培がもたらす問題として語られる（**写真V-2**）。

水田の改修工事の影響

　水田におけるIBMは、自然湿地の代替地としての水田の認識から始まる。IBMを実行するためには技術的にも配慮すべき事柄が数多くある。技術はしばしば「両刃の剣」の性質をもっている。水路の三面コンクリート化は、ホタルなどの水生昆虫の保護・

写真V-2
台湾・台北近郊のテラス（棚田）

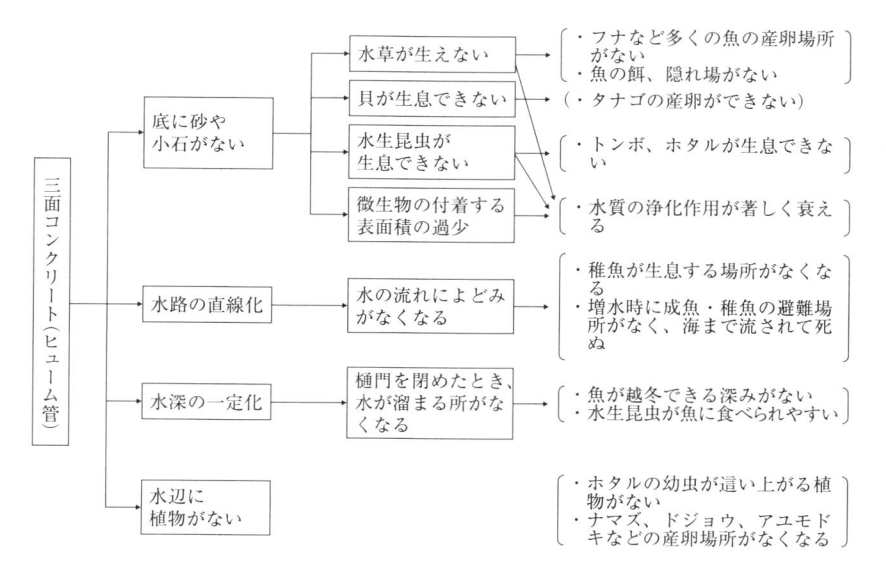

```
三面コンクリート（ヒューム管）
├─ 底に砂や小石がない
│   ├─ 水草が生えない ─→ ・フナなど多くの魚の産卵場所がない
│   │                    ・魚の餌、隠れ場がない
│   ├─ 貝が生息できない ─→ （・タナゴの産卵ができない）
│   ├─ 水生昆虫が生息できない ─→ ・トンボ、ホタルが生息できない
│   └─ 微生物の付着する表面積の過少 ─→ ・水質の浄化作用が著しく衰える
├─ 水路の直線化
│   └─ 水の流れによどみがなくなる ─→ ・稚魚が生息する場所がなくなる
│                                      ・増水時に成魚・稚魚の避難場所がなく、海まで流されて死ぬ
├─ 水深の一定化
│   └─ 樋門を閉めたとき、水が溜まる所がなくなる ─→ ・魚が越冬できる深みがない
│                                                    ・水生昆虫が魚に食べられやすい
└─ 水辺に植物がない ─→ ・ホタルの幼虫が這い上がる植物がない
                         ・ナマズ、ドジョウ、アユモドキなどの産卵場所がなくなる
```

図Ｖ-8　水路が三面コンクリートに改修された場合の環境の変化（小林 1989）
全体として、自然な生物環境がなくなり、植物や魚、昆虫などを学ぶ自然教材が身近なところから失われる

　保全の観点からは好ましくないが、日本住血吸虫の中間宿主の貝類や力類の防除には有効な手法である。また農家にとっては、つぶれ地を少なくしたり、草刈りなどの維持管理作業の省力化につながる（**図Ｖ-8**）。島根県斐伊川水系で三面張りコンクリート護岸部と自然河床部の水生昆虫相を比較したところ、三面張りの99種に対し自然河床では143種が記録された。三面張りでは、流速の遅い所では堆積物などによって多くの種がみられたが、流速の早い所ではクロツツトビケラなど上位3種が80％の個体数を占め、かたよった群集が形成されていた（吉田友亮・宮永龍一 私信）。

　フナ、ドジョウ、ナマズなどの魚類保護のためには水路と田面水の水位落差を小さくする必要があるが（**図Ｖ-9**）、これはスクミリンゴガイの水路から水田への侵入を助けることになる。このように個々の技術の評価はそれぞれの地域の条件によって異なってくる。これらをいかに合理的に総合化するかがIBMの任務でもある。したがって、農業生態系の管理手法には、絶対的に正しいとか絶対的に間違いだというものはない。その場所の条件と管理の対象に応じた柔軟な対応が必要になる。このような管理法を鷲谷（2003）は順応的管理とよんでいる。いずれにしろ、管理の目標をできる

| 代表魚種 | 海 | 川 | 水路 | 水田 |

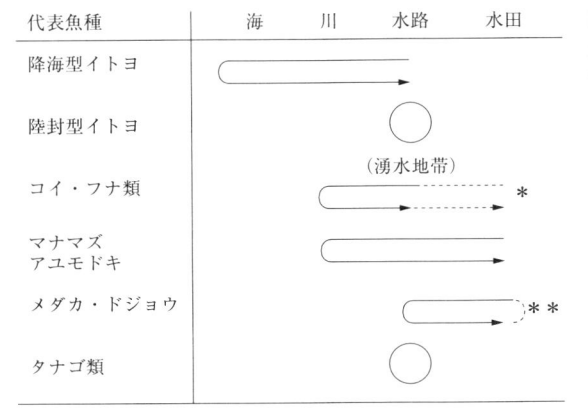

図V-9
魚類の移動からみた水路・水田の位置づけ（端 1998）
矢印の終点は産卵の場を表わす
＊水田への遡上が可能なら水田で産卵する
＊＊水田でそのまま生活する

降海型イトヨ
陸封型イトヨ
コイ・フナ類　（湧水地帯）　＊
マナマズ
アユモドキ
メダカ・ドジョウ　＊＊
タナゴ類

だけ明確にしておくことが必要である。

　2002年、農水省は土地改良事業をはじめ農業農村整備事業のすべてにおいて、農業生産性の向上ばかりでなく環境との調和への配慮を追加した。新しく改正された河川法でも、以前は水利を中心にした法律であったのが、環境の保全がその目的になっている。これは明らかに評価できる前進である。環境破壊をともなった開発はもはや許されない時代である。

種の生息パッチと補給源の確保

　種の生存のためには食物、隠れ家、越冬場所、交尾場所などさまざまなパッチが生息地内に必要とされる。水生昆虫では、水田のほかにため池、雑木林、水の絶えることのない湿地などがセットとなって存在することが必要である（図V-1）。関東では谷津（谷戸）田、関西では棚田といわれているものが多くはこの条件を満たしている。したがって、中山間地に多い耕作放棄田は多様性保全水田として管理されるのが望ましい。

　守山（1997）は、池さらいによるトンボ幼虫の絶滅を、他のため池からの成虫の移入によって補える距離を1km以内としている。ミズカマキリは越冬のため水田から1.4km離れた池への移動がみられている（日比ら 1998）。タガメは水田の水が落とされると、越冬場所を求めて一晩に2kmの飛行移動をする（日鷹一雅 私信）。ミナミアオカメムシについての私たちの観察では、一昼夜で1km離れた畑から低山を隔てた水田に飛来する。これらの事実から、生息地が相互に1km内外の距離に複数ある

ことが必要である。

害虫管理と生物多様性管理の両立技術

　水田生態系のIBMでは、害虫防除と水生昆虫の保護をいかに両立させるかがもっとも重要な課題である。水生昆虫の大部分は年1化性で肉食性である。水生動物は鰓呼吸するものは、少量の水中の溶存酸素を取りこむ過程で残留性物質を高度に濃縮する。これらを食物とする肉食性水生昆虫は食物連鎖をとおした濃縮による食物汚染の影響を受けやすい。また1化性も一度減少した個体群密度の回復には不利である。

　水生昆虫の大部分は水田内で繁殖するため、灌漑水の農薬汚染がもっとも影響が大きい。1976年に日本に侵入したイネミズゾウムシは、青森県津軽地方では1991年に被害が飛躍的に拡大した。これにともない殺虫剤の水面施用を行なったところ、回復しつつあったヘイケボタルがほとんど姿を消した（木野田みはる　私信）。第Ⅱ章で紹介したように、イネミズゾウムシは宮城県では畦畔から歩行によって侵入する。したがって水田周辺部の6列の苗だけを殺虫剤で苗箱処理するだけで防除ができることから、薬量も4分の1に減らすことができた。これにより他の水生生物への影響も最小限に抑えうる（城所 1995）。

IBMを実行するための基本的考え

環境変化とIBM

　地球温暖化も、かつて1万年かけて起こった温度上昇が、わずか100年の短期間で起ころうとしている。そのスピードはこれまでの10〜100倍の速さである。農業・生物系特定産業技術研究機構・果樹研究所の杉浦俊彦によれば、2060年における温度上昇は2.2度で、リンゴ、ミカンとも現在の主産地は栽培適地ではなくなり、北海道がリンゴ、関東平野がミカンの適地になるという（朝日新聞　2003年10月4日）。地球温暖化が進めば、現在夏期の低温のため分布北限が本州東北にある「まつくいむし」も、北海道にまで拡大するであろう。

　1955年頃に始まったハウスでの栽培面積も2000年には6万haに達し、世界第3位にまで拡大した。そして害虫相の半数が侵入害虫で占められるまでになった。農産物の輸入も、例えばトウモロコシは年間1600万トン（ちなみに国産の米は900万トン）、切り花は過去20年間に150倍にも輸入量が増えている。米国から侵入した昆虫種数をみても、戦前にくらべ10倍以上になった（表Ｖ-8）。ミバエ類は旅行者の手荷物から

表V-8　時代別にみた、米国から日本に侵入した昆虫種数

期間	侵入種数	年当たりの侵入種数
1860～1939年	7	0.09
1940～1969年	12	0.4
1970～1999年	32	1.1

近年の侵入種数は戦前の10倍以上

表V-9　単作と混作における節足動物の個体群密度の比較（Andow 1991）

	混作における密度が単作の場合と比べ				
	増加	減少	変化なし	増加または減少	合計
害虫	44 (15.3)	149 (51.9)	36 (12.5)	58 (20.2)	287 (100.0)
単食性	17 (7.7)	130 (59.1)	31 (14.1)	42 (19.1)	220 (100.0)
多食性	27 (40.3)	19 (28.4)	5 (7.5)	16 (23.9)	67 (100.0)
天敵	68 (52.7)	12 (9.3)	17 (13.2)	33 (25.6)	130 (100.0)
捕食者	38 (42.7)	11 (12.4)	14 (15.7)	27 (30.3)	90 (100.0)
捕食寄生者	30 (70.5)	1 (2.5)	3 (7.5)	6 (15.0)	40 (100.0)

毎日1件はみつかるという状況である（桐谷 2000）。

　これらの環境変化はその規模においても、変化の速度においても1世紀前には考えられなかったことである。適度の攪乱が農耕地の生物多様性を支えていることは先にみた（第Ⅲ章参照）。しかし地球温暖化のような不可逆的な大規模の攪乱は、繰り返される攪乱とは異なり生物多様性を損なう可能性が高い。また攪乱地を好む外来生物の侵入・定着を容易にするであろう。作物の混作と単作が害虫や天敵に及ぼす影響については、正負両方の研究結果が報告され、農業生態系のデザインでも不確定生要素となっていた。

　ミネソタ大学のAndow（1991）が世界で行なわれた研究417件を分析した結果、混作では単食性昆虫の方が多食性昆虫よりも密度が低下するが、この傾向は一年生作物よりも永年性作物でより顕著にみられた。表V-9では単食性の害虫では、59％が減少

しているが、多食性では減少例は28％しかなく、増加例が40％に上っている。このように混作は単作よりも害虫の発生を抑える事例が多いが、作物の種類、害虫の食性によって増減は異なることがわかった。また天敵密度は混作では53％の例で天敵密度が高まり、その傾向は捕食者よりも捕食寄生者でより顕著であった。これは捕食寄生者には成虫の吸蜜により産卵数を増加させるものが多く、生息場所の多様性が成虫の餌資源を豊富にしているためと考えられる。

さらに外来生物が侵入しにくい農業生態系のデザイン、温暖化の進行にともなって壊れた農業生態系の修復のデザインを考えるうえでのIBM理論の構築は今後に残された問題である。

化学生態学とIBM

従来の生態学は食うもの食われるもの、寄主と捕食寄生者などの二者系の研究が主流を占めてきた。それも直接の相互作用に注目してきた。植物はたんに食物としての位置づけで、植物側からのリアクションは無視されてきた。例えば、セジロウンカが多飛来した年には、セジロウンカの産卵部位とその周辺が褐変・壊死して稲の生育が阻害される。従来これはセジロウンカによる稲の被害と単純にみなされていたのが、産卵によって引き起こされる「誘導抵抗性」で、産まれた卵の8、9割が殺されてしまうことがわかった（鈴木 1999）。植物はやられっぱなしではないのである。

最近の研究では、植物は植食者の食害に応答して、その植食者の捕食性天敵を誘引する揮発性情報化学物質（HIPV）を放出することがわかってきた。いわゆる三者系の関係である。この匂い物質は、植食者の天敵を呼び寄せたり、同種植食者の他個体を忌避あるいは誘引したり、隣接する植物の耐虫性を高めたりする。このような目にみえない相互作用系が生態系の群集構造や共存にどんな役割をしているのか（高林 2003）。その解明もIBMのデザインと密接な関係がある。

IBMの方策

IBMはいまだその緒についたばかりで、最適な管理をめざした試行錯誤の段階である。これは21世紀の課題といえるだろう。すでに述べたことも含め、水田を中心とした農業生態系でのIBMの基本的な考え方を列挙して本書の結論にかえる。

(1)水田は食糧生産の場であるとともに、自然湿地の代替地であることを認識する。水田生態系の持続性を重視し、収量第一主義をとらない。また水田生態系は水田だけに限られた閉鎖的なものではなく、個々の水田生物の行動を通して畦畔、水路、ため

池、休閑田、周辺農地、雑木林、遠隔地の越冬場所まで及ぶ。したがって水田の内外に、種の生存に必要な生息場所のセットと人為的攪乱によって一時的に消滅した個体群を補充・復活するための補給源を移動可能範囲内に確保する。

(2)適度の人為的攪乱が水田生態系の生物多様性を高めることから、系内の時間・空間的異質性を高めるように管理する。そのために湿田や休耕田の再評価をするとともに、とくに年間を通して浸水状態であることの生態学的意義を明らかにする。

(3)その地点・地域における保護・保全の対象をしぼり、その目的に合った農法や構造を探る。また経済的被害許容水準と絶滅限界密度との密度差を大きくするような管理法を探るとともに、「害虫なしには天敵なし」の認識に立って適度の害虫密度は保持する。そのためには、防除費用と増収効果に基づいた経済的被害許容水準に代わる、防除にともなう外部経済も組みこんだ環境被害許容水準のような概念の導入も考えなくてはならない。水田生態系における「ただの虫」の役割の再評価をするとともに、水田雑草も各種の水生生物の産卵場所としての役割を再評価する必要がある。

(4)外来生物の侵入は最大限阻止しなければならない。

まとめ──肩の力を抜いて

もう40年も前のことであるが、2カ月ほど米国、欧州をまわった後、フィリピンのIRRI（国際稲研究所）を訪問するためエジプトからアジアに飛んだとき、眼下に広がる水田をみて日本に帰った気分になり旅の緊張が一気に解けた経験を思いだす。水田風景は原風景として私には刷りこまれていたのである。後年、マレーシア南部で果てしなく続くアブラヤシのプランテーションに迷いこんだときの殺伐とした植民地風景と対照的な熱帯であった。水田でIPMが叫ばれたように、IBMも水田を中心としてまず確立しなければならない。

IPMは「虫見板」の使用によって害虫も天敵も身近にみられ、また個体数の評価も可能になった。他方、水田に住んでいる各種の水生昆虫（もちろん、メダカ、カエルなども含めて）は、ただの虫としてこれまで気にはなりながらも、計数の対象にはならなかった。

宇根豊は、その著書や講演で近代農業は金になるものしか評価しなかったと批判している。したがって病害虫防除所の予察灯の調査でも、害虫以外の天敵やただの虫は数えても「防除所の仕事ではない」ので評価されないと嘆いている。これからは農業研究機関の役割に「自然環境の保全、IPM農業の推進」と明示すべきだと主張している。IBMは研究者だけで実現できるものではない。農家や市民、行政も参加して実現

されるものである。「農と自然の研究所」が2001年に行なった田んぼの生きものの全国調査の結果を、独創的な発想でまとめポスターにしている（農と自然の研究所と農村環境整備センター　2003）。「茶碗1杯のごはん＝米粒3000〜4000粒＝稲株3株＝オタマジャクシ35匹」というのである。水田にいるミジンコ、トノサマガエル、ユスリカ、イネミズゾウムシ、ウンカなどの密度を茶碗1杯のごはん（3株の面積）に換算している。こうして田んぼのすべての動物たちを、害虫、天敵、ただの虫（動物）それにサギやツバメまで含めて記述した試みは、「『ただの虫』の世界」すなわちIBMを創造する新たな草の根的IBMへのアプローチといえる。

あとがき

　科学技術庁が実施した第7回技術予測調査によれば、「生物学的な方法（天敵生物、フェロモン、アレロパシー等の利用）を主とした作物保護の技術体系により、化学合成農薬の利用が半減する」のは2015年頃と予測している。農水省では過去5年間に県農業試験場などの協力を得て農薬の使用を半減することを目標に「環境保全型農業技術の開発」研究を実施し、最終年の2003年10月に「新しい環境保全型病害虫管理技術」と題する公開研究会を東京で開催した。私もその研究会に参加した。どの作物でも、慣行区にくらべ農薬の使用量を半減するのは技術的に可能なことが示された。注目されたのは、農業改良センターの技術者たちが質問を非常に活発に研究者に浴びせていることだった。私には非常に新鮮で心強い現象であった。ただ半減が可能といっても、費用も半減するという安易なものではない。まず病害虫の多発年でも半減が可能かどうか。また要防除密度の設定と発生量のモニタリングが多くの場合必須であった。また天敵などの農業資材を利用するため、慣行防除よりも費用が余計にかかる場合も少なくない。IPMもまだ道は遠いのである。

　もうかれこれ2年ほど前だったと思う。東京のとある喫茶店に宇根豊さんが築地書館の土井二郎社長をともなってこられて、是非、BHC問題からIBMにいたった過程を書き残してくれと要求され、私も漠然とその必要性は感じていたので何とか前向きに考え努力すると約束した。今やっとその約束が果たせそうな気分である。この本は私が和歌山県の農業試験場から高知県農林技術研究所に転勤した1966年4月、37歳の時から現在までの37年間の研究生活に基づいたものである。それで、私と同じ釜の飯を食べた研究仲間の、今も第一線で活躍されている岡山大学教授の中筋房夫氏、農業研究センター害虫部長の宮井俊一氏に査読をお願いした。また農と自然の研究所の宇根豊氏と元インセクタリウム編集者の新井真理さん、そして東京大学農学生命科学研究科の山下英恵さんには学生の立場から、研究仲間とは違った立場から査読とコメントをお願いした。さらに専門家の立場から、埼玉県農林総合研究センターの根本久氏（第Ⅰ、Ⅳ章）、広島県農業技術センター・那波邦彦氏（第Ⅱ、Ⅲ章）、宮城県古川農業試験場・城所隆氏（第Ⅱ、Ⅴ章）、愛媛大学・日鷹一雅氏（第Ⅲ、Ⅴ章）、大阪府立

食と緑の総合技術センター・田中寛氏（第Ⅲ、Ⅳ章）に関係各章の査読をお願いした。皆様からは数々の批判、コメント、励ましをいただいた。寄せられた意見は時には私の能力を上回る要求もあったが、できるだけ生かすように心がけた。しかし本書の内容、意見に関してはあくまでも私の責任で書いた。築地書館の土井二郎氏には最初から最後までお世話になったし、編集担当の橋本ひとみさんには行き届いた本作りをしていただいた。わかりやすくて面白かったという橋本さんの感想は私にとっては大きな励ましとなった。改めて皆様にお礼を申し上げる。

　30数年前のBHCの使用禁止をめぐる問題も、今の若い世代の研究者や学生にとっては、時には生まれる前の遠い昔のこととなっている。地球温暖化もかつて1万年かけて起こった温度上昇が、わずか100年の短期間で起ころうとしている。人口も4日ごとに100万人という勢いで増えている。施設栽培もわずか50年の間に、日本もその面積が世界第3位になるほど早いスピードで普及した。農産物の輸入も切り花は過去20年間に150倍にも輸入量が増えている。これらの急速な変化は1世紀前には考えられなかったことである。これに符合するように研究や行政、市民運動も激しく変わりつつある。日本での自然の変貌とその修復の動きは、同じモンスーン地帯に属するアジアの稲作地帯に共通の問題である。ただその矛盾が先鋭的な形で日本で現われたにすぎない。ここに提案したIBMすなわち「ただの虫の世界」をつくる戦略は、必ずや水系に依存するアジアの持続的農業を支えるひとつの柱となると思う。

　読者に時間的な推移を理解していただくため、私なりの応用昆虫学の年譜をつくった。また文献も可能な限りリストにあげた。学会発表や講演などからの引用は基本的には氏名を入れて私信扱いとした。最後に本書を英文で引用する場合は、日本語の題名の直訳では意を尽くせないので「Toward IBM in Paddy Ecosystem」by Keizi Kiritani としたい。

　　2003年12月24日

　　　　　　　　　　　　　　　　　　　　　　　　　　　　　　桐谷圭治

参考文献

Alam, G. (1994) Biotechnology and sustainable agriculture: Lessons from India. Technical paper 103, OECD Development Center, Paris.
Andow, D.A. (1991) Vegetational diversity and arthropod population response. Ann. Rev. Entomol. 36: 561-586.
APO (Asian Productivity Organization) (2002) Production and utilization of pesticides in Asian and the Pacific, APO, Tokyo.
新井裕 (2003) ウスバキトンボとアキアカネを巡る素朴な疑問　全国一斉赤トンボ調査報告書　むさしの里山研究会・農と自然の研究所　13-18.
荒川浩美・合田健二・宮睦子 (1998) 天敵昆虫温存によるナスの害虫防除　関東病害虫研報　45: 191-193.
伴幸成・桐谷圭治 (1980) 水田の水生昆虫の季節的消長　日生態会誌　30: 393-400.
Benbrook, C.M. (1996) Pest management at the crossroads. Consumers Union, Yonkers, N.Y.
Cohen, J.E. (1995) 重定南菜子・瀬野裕美・高須夫悟訳 (1998) 新「人口論」生態学的アプローチ　農文協.
Cohen, J.E.K., K. Schoenly, L. Heong, H. Justo, G. Arida, (1994) A food web approach to evaluating the effect of insecticide spraying on insect pest population dynamics in a Philippine irrigated rice ecosystem. J. Appl. Ecol. 31: 747-63.
Comins, H.N. (1977) The management of pesticide resistance. J. theor. Biol. 65: 399-420.
Connell, J.H. (1978) Diversity in tropical rain forests and coral reefs. Science 199: 1302-1309.
Dixon, A.F.G., J.L. Hemptinne & P. Kindlmann (1997) Effectiveness of ladybirds as biological control agents: patterns and process. Entomophaga 42: 71-83.
Dunn, J.A. (1952) The effects of temperature on the pea aphid-ladybird relationship. Second Ann. Rep. Nat. Veg. Res. Sta. 2: 21-23.
Eckert, J.W. (1988) Historical development of fungicide resistance in plant pathogens. In Delp, C.J. (ed.) Fungicide Resistance in North America, APS Press, St. Paul, MN.
江村一雄 (1981) 病害虫の発生予察と一体化した防除活動―新潟県小千谷市の事例　北陸病害虫研究会報　no.29: 52-55.
藤本高志 (1998) 農業がもつ環境保全機能の経済評価と政策的含意　都市と農村の共生をめざす施策と技術　農林水産技術情報協会　41-45.
Georghiou, G.P. (1986) The magnitude of the resistance problem. In NRC, Board on Agriculture, Pesticide resistance: Strategies and tactics for management. Washington, D.C. National Academy Press.
Georghiou, G.P. (1994) Principles of insecticide resistance management. Phytoprotection 75: 51-59.
Georghiou, G.P. & C.E. Taylor (1977) Operational influences in the evolution of insecticide resistance. J. Econ. Entomol. 70: 653-658.
五箇公一 (2003) マルハナバチ商品化をめぐる生態学的問題のこれまでとこれから　植物防疫　57: 452-456.

Grigarick, A.A. (1984) General problems with rice invertebrate pests and their control in the United State. Protection Ecology 7：105-114.
Grist, D.H. & R.J.A.W. Lever (1969) Pests of rice. Longman, Green and Co. London.
浜弘司 (1992) 害虫はなぜ農薬に強くなるか——薬剤抵抗性の仕組みと害虫管理　農文協.
浜弘司 (1996) 殺虫剤抵抗性問題の現状と抵抗性管理　研究ジャーナル　19：25-30.
浜村徹三 (1998) オオタバコガの最近の発生動向と被害——アンケート調査の結果から　植物防疫　52：407-413.
原田二郎 (1995) 環境保全型農業における雑草管理　第2回植物保護・環境シンポジウム　日本学術会議　43-50.
長谷川雅美 (1999) 田んぼのカエル　カエルのきもち　千葉県立中央博物館　126-132.
林英明 (1995) オンシツツヤコバチの現地導入と農家の反応　第5回天敵利用研究会講演要旨——天敵利用の最前線　12.
Havelka, J. (1980) Effect of temperature on the development rate of preimaginal stages of *Aphidolestes aphidimyza* (Diptera, Cecidomyiidae). Entomol. exp. appl. 27：83-90.
Haygood, R., A.R. Ives & D. Andow (2003) Consequences of recurrent gene flow from crops to wild relatives. Proc. R. Soc. Lond. B (2003) 270：1879-1886.
Heinrichs, E.A. et al. (1982) Resurgence of *Nilaparvata lugens* populations as influecnced by method and timing of insecticide applications in lowland rice. Environ. Entomol. 11：78-84.
Heinrichs, E.A. et al. (1984) Buprofezin, a selective insecticide for the management of rice planthoppers (Homoptera：Delphacidae) and leafhoppers (Homoptera：Cicadellidae). Environ. Entomol. 13：515-521.
日比伸子・山本知巳・遊磨正秀 (1998) 水田周辺の人為水系における水生昆虫の生活　江崎保男・田中哲夫編　水辺環境の保全—生物群集の視点から　朝倉書店　111-124.
日鷹一雅 (1994) インセクタリウム　22：240-245；294-302.
Hidaka, K. (1997) Community structure and regulatory mechanism of pest populations in rice paddies cultivated under intensive, traditionally organic and lower input organic farming in Japan. Entomological Research in Organic Agriculture, 1997, 35-49.
日鷹一雅 (1998) 水田における生物多様性保全と環境修復農法　日本生態学会誌　48：167-178.
日鷹一雅 (2003) 多様な生きものたちから見た水田生態系の再生　鷲谷いづみ・草刈英紀編　自然再生事業——生物多様性の回復　築地書館　60-91.
日鷹一雅・中筋房夫 (1990) 自然・有機農法と害虫　冬樹社.
池田二三高 (2001)　マルハナバチ導入10年を振り返って　第7回マルハナバチ利用技術研究会　1-6.
池田二三高 (2003)　ミナミキイロアザミウマの生態と防除に関する研究　農業技術　58：106-109.
石川瀧太郎 (1917) 二化螟虫発生と気温との関係を論じ之が発生予想に及ぶ　病虫害雑誌　4：506-520.
伊藤一幸 (1987) 稲作技術の変遷と雑草の適応戦略　研究ジャーナル　10 (6)：16-22.
Itoh, K. (2000) Ecology and inheritance in herbicide resistant weeds by natural mutations. Gamma field symposia no. 39：57-68.
伊藤嘉昭 (1975) 一生態学徒の農学遍歴　蒼樹書房.
巌俊一・桐谷圭治 (1973) 害虫の総合防除とは　深谷昌次・桐谷圭治編　総合防除　講談社　29-38.

嘉田良平(1996)加害者から保全者へ——求められる農業・農法の転換　愛媛大農学部公開シンポジウム　9-18.

梶村達人(1994)有機栽培水田におけるウンカ・ヨコバイ類の個体群動態の特性とその要因　岡山大学学位(博士)論文　126pp.

Kajimura, T. *et al.* (1995) Effect of organic rice farming on leafhoppers and planthoppers 2. Amino acid content in the rice phloem sap and survival rate of planthoppers. Appl. Entomol. Zool. 30：17-22.

神田徹(1997)水稲の病害と病害媒介虫の防除対策　植物防疫　51：303-306.

加藤陸奥雄(1953)作物害虫学概論　養賢堂.

川原幸夫(1976)水田のキクヅキコモリグモ　インセクタリウム　13：134-138.

川原幸夫(1975)コサラグモ類の個体群生態　高知農技研報告　7：53-64.

川原幸夫・桐谷圭治・笹波隆文(1971)各種殺虫剤のツマグロヨコバイおよびクモ類に対する選択性　防虫科学　36：121-128.

河合章(1996)農業生態系の特性と害虫管理——茶園から施設まで　難防除病害虫に関する研究会　四国農試　15-25.

河合章(1997)キューバ雑感——ミナミキイロアザミウマの防除指導に赴いて　植防コメント no. 154：2-3.

河合章(2000)天敵利用における失敗事例の重要性　農水省農業研究センター　天敵カルテ　47-48.

河合章(2001)　ミナミキイロアザミウマの個体群管理　応動昆　45：39-59.

Kenmore, P.E. (1980) Ecology and outbreaks of a tropical pest of the green revolution, the rice brown planthopper, *Nilaparvata lugens*. PhD Thesis Univ. California Berkley.

城所隆(1995)　宮城県における稲作病害虫の発生の特長と対策　植物防疫みやぎ第71号：1-11.

城所隆(1999)アメンボの卵　植防コメント　no.165.

桐谷圭治(1971a)塩素系殺虫剤の環境汚染　四国植物防疫研究　6：1-44.

桐谷圭治(1971b)ホタルよ、どこに行ったのか　世界動物百科　朝日・ラルース　20：1-3.

桐谷圭治(1973a)　昆虫と私——人と害虫の共存　インセクタリウム　10：218.

桐谷圭治(1973b)水稲害虫　深谷昌次・桐谷圭治編　総合防除　講談社　310-336.

桐谷圭治(1974)生態学からみた蓄積性生物活性物質の残留　科学　44：434-443.

桐谷圭治(1975)農薬と生態系　日本農薬学会誌　学会設立記念号：69-75.

Kiritani, K. (1979) Pest management in rice. Ann. Rev. Entomol. 24：279-312.

桐谷圭治(1986)サンカメイガ——幻の大害虫　桐谷圭治編　日本の昆虫——侵略と攪乱の生態学　東海大学出版会　88-95.

桐谷圭治(1990a)害虫とは何か　植物防疫講座第2版　害虫・有害動物編　日本植物防疫協会　3-10.

Kiritani, K. (1990b) Recent population trends of *Chilo suppressalis* in temperate and subtropical Asia. Insect Sci. Applic. 11：555-562.

桐谷圭治(1998)総合的有害生物管理(IPM)から総合的生物多様性管理(IBM)へ　研究ジャーナル21(12)：33-37.

Kiritani, K. (1999) Formation of exotic insect fauna in Japan. Yano, E., K. Matsuo, M. Shiomi, & D.A. Andow (eds.) Biological invasions of ecosystem by pests and beneficial organisms. pp.49-65. National Institute of Agro-Environmental Sciences, Tsukuba, Japan.

Kiritani, K. (2000) Integrated biodiversity management in paddy fields：Shift of paradigm

from IPM toward IBM. Integrated Pest Management Reviews 5：175-183.
桐谷圭治（2000）　日本に毎日持ち込まれるミバエ　保全生態学研究　5：187-189.
桐谷圭治（2001）昆虫と気象　成山堂書店.
桐谷圭治ら（1972）水稲害虫の総合防除——非塩素系殺虫剤への移行と殺虫剤散布量軽減のための具体的試み　応動昆　16：94-106.
桐谷圭治ら（1978）ツマグロヨコバイ及び天敵クモ類の個体群動態とイネ萎縮病伝播機構に関する研究　農林水産省農林水産技術会議事務局　1-159.
桐谷圭治・中筋房夫（1973a）野菜・畑作物　深谷昌次・桐谷圭治編　総合防除　講談社　283-309.
桐谷圭治・中筋房夫（1973b）　生物的防除　深谷昌次・桐谷圭治編　総合防除　講談社　123-162.
桐谷圭治・中筋房夫（1977）　害虫とたたかう——防除から管理へ　NHKブックス　日本放送出版協会.
桐谷圭治・笹波隆文（1972）環境汚染と生物——農薬と生態系　共立出版.
小林一郎（1989）淡水魚保護　89：56-58.
小林尚（1961）ニカメイチュウ防除の殺虫剤散布がウンカ・ヨコバイ類の生息密度に及ぼす影響に関する研究　病害虫発生予察特別報告第6号：126.
小林尚ら（1973）水田の節足動物相ならびにこれに及ぼす殺虫剤の影響　1　水田の節足動物相概観　昆虫　41：359-373.
小林尚ら（1978）水田の節足動物相ならびにこれに及ぼす殺虫剤散布の影響　第3報　Kontyu　46：603-623.
Kogan, M.（1982）Plant resistance in pest management, In Metcalf, R.L. & W.H. Luckmann (eds.) Introduction to insect pest management, Wiley, New York, 93-134.
Kogan, M.（1998）Integrated pest management：Historical perspectives and contemporary developments. Ann. Rev. Entomol. 43：243-270.
Kohno, K.（1998）Thermal effects on reproductive diapause induction in *Orius sauteri* (Heteroptera：Anthocoridae)　Appl. Entomol. Zool. 33：487-490.
小嶋昭雄（1996）要防除水準に基づく稲害虫管理　水稲・畑作物病害虫防除研究会講演要旨　日本植物防疫協会　23-29.
近藤章・田中福三郎（1989）応動昆33：211-216.
昆野安彦（2001）水生昆虫および水生生物に対する農薬影響研究の現状　植物防疫55：106-109.
厚生省生活衛生局食品化学課編（1998）食品中の残留農薬　日本食品衛生協会.
小山重郎（1973）ニカメイチュウに対する殺虫剤散布軽減に関する研究　1　ニカメイチュウの被害と稲の収量との関係　応動昆　17：147-153.
小山重郎（1975）ニカメイチュウに対する殺虫剤散布軽減に関する研究　2　ニカメイチュウの要防除被害水準とその予測　応動昆　19：63-69.
Koyama, J.（1977）Preliminary studies on the life table of the rice stem borer, *Chilo suppressalis*. Appl. Ent. Zool. 12：213-224.
久保田栄（2001）茶園のクロシロカイガラムシ——多発生とその要因の検討　植物防疫　55：71-74.
熊沢喜久雄（1989）　有機農業と現代農業　農業および園芸　64：89-103, 276-288.
国本佳範（2001）栽培現場における効率的な化学的防除の実践に関する研究——ハダニ類の防除を例として　奈良県農業技術センター研究報告　特別報告　180pp.

倉沢秀夫（1956）水田におけるPlanktonおよびZoobenthosの組成ならびにStanding Cropの季節的変化（1）資源科学研究所集報　41-42：86-98.
LeBaron, H.M. & J. McFarland（1990）Herbicide resistance in weeds and crops. In Green, M.B. (ed.) Practical strategies. American Chemical Society, Washington, DC.
Li, G.C.（1999）Scope of plant protection - A practical point of view. FFTC Extension Bulletin 469：1-13.
前田憲男・松井正文（1989）日本カエル図鑑　文一総合出版　pp.206.
前田琢（1998）水田にすむ鳥類とその保全　「水田と生物多様性の保全」シンポジウム要旨　農林水産技術情報協会　23-29.
Matteson, P.C.（2000）Insect pest management in tropical Asian irrigated rice. Ann. Rev. Entomol. 45：549-574.
McNeely, J.A.（1995）Strange bedfellows：Why science and policy don't mesh, and what can be done about it. Lecture at the American Museum of Natural History, New York, 9-10 March, 1995, 10pp.
Metcalf, R.L.（1955）Physiological basis for insect resistance to insecticides. Physiol. Rev. 35：197-232.
Metcalf, R.L.（1986）The ecology of insecticides and the chemical control of insects. In M. Kogan（ed.）Ecological theory and integrated pest management practice. J. Wiley & Sons. New York. 251-298.
宮下和喜（1982）ニカメイガの生態　畑野印刷.
森本信生・桐谷圭治（2002）北米からきた松桜稲の害虫　昆虫と自然　37（3）：4-7.
森田弘彦（1990）1980年代の帰化雑草の概観　農業技術　45（8）.
守山弘（1997）水田を守るとはどういうことか　農山漁村文化協会.
本山直樹（1995）持続型農業における害虫防除と農薬の役割　「環境保全型農業における植物保護」シンポジウム要旨　日本学術会議植物防疫研究連絡委員会　35-42.
Mozley A.（1944）Temporary ponds, a neglected natural resource. Nature 154：490.
松尾尚典（2003）　バンカープラントによるイチゴのワタアブラムシ防除　植物防疫　57：369-372.
松村松年（1934）昆虫物語　東京堂.
永井一哉（1993）　ミナミキイロアザミウマ個体群の総合的管理に関する研究　岡山県立農業試験場臨時報告　第82号　pp.55.
長坂幸吉・大矢慎吾（2003）バンカー植物の活用──アブラムシ類　植物防疫　57：505-509.
那波邦彦（1987）日本における稲作IPMの過去・現在・未来　個体群生態学会会報　43：1-10.
那波邦彦（2001）農作物の生産現場における病害虫防除技術──IPMの理念と現実そして展望　日本農薬学会誌　26：399-407.
中川昭一郎（1998）水田の圃場整備と生物多様性保全を考える　農林水産研究ジャーナル21（12）：3-8.
中筋房夫（1997）総合的害虫管理学　養賢堂.
中筋房夫（2003）山陽の農業　106号.
奈良岡弘治（1965）LARVA　20：9-12.
National Research Council（2002）Environmental effects of transgenic plants. National Academy Press, Washington D.C.
根本久（2000）日本における天敵利用の概要　天敵カルテ　農水省農業研究センター　38-41.

根本久（2003）環境保全の立場から見た有機農業と農薬　坂井道彦・小池康雄編　農薬と農産物　幸書房.

日本生態学会編　村上興正・鷲谷いづみ監修（2002）外来種ハンドブック　地人書館.

日本植物防疫協会（1993）農薬を使用しないで栽培した場合の病害虫等の被害に関する調査報告　日本植物防疫協会 pp.42

西尾道徳（1999）アジアの食料生産と環境問題の解明に必要なこと　システム農学 15：89-94.

野里和雄・桐谷圭治（1976）ニカメイガの減少傾向と卵期天敵の役割　植物防疫 30：259-263.

Norton, G.W. & J. Mullen (1994) Economic evaluation of integrated pest management programs: A literature review. March 1994. Virginia Polytechnic Institute and State University, Blacksburg, VA.

農林水産省統計情報部（1999）農業生産における肥料・農薬の投入実態調査　pp.37.

農薬問題特別研究グループ（1976）農薬からの証言　ライフサイエンス通信.

Oerke, E.C., H.W. Dehne, F. Schonbeck, & A.Weber (1994) Crop production and crop protection: Estimated losses in major food and cash crops. Elsevier, Amsterdam.

Oh, B.Y. (2001) Pesticide residues for food safety and environment protection. FFTC Extention Bulletin 495：1-13.

大川安信（2001）遺伝子組換え作物の開発　遺伝5（6）, 35-38.

大野和朗（2000）天敵のパワーアップ——アジア型天敵利用の研究開発と普及　平成11年度　総合農業研究推進会議生産環境部会　2000年3月15日. pp.6.

Ohno, K. & H. Takemoto (1997) Species composition and seasonal occurrence of *Orius* spp. (Heteroptera: Anthocoridae), predacious natural enemies of *Thrips palmi* (Thysanoptera: Thripidae), in eggplant fields and surrounding habitats. Appl. Entomol. Zool. 32：27-35.

大谷一哉（2001）最近の茶害虫での心配事　農林害虫防除研究会　News Letter no.7.

於保信彦（1964）殺虫剤の散布による水田害虫相の変動　植物防疫 18：389-392.

Pathak, M.D. (1970) Genetics of plants in pest management. In Rabb, R.L. & F.E. Guthrie, Raleigh, N.Carolina State Univ. 138-157.

Pathak, M.D. & Z.R. Khan (1994) Insect pests of rice. IRRI & ICIPE, pp.89.

Pearl, R., S. Gould, & A. Sophia (1936) World population growth. Human Biology, 8：399-419.

Pimentel, D. (1997) Techniques for reducing pesticide use. John Wiley Sons. Ltd. Chichester, UK.

Pimentel, D. & A. Greiner (1997) Environmental and socio-economic costs of pesticide use. In Pimentel, D. (ed.) Techniques for reducing pesticide use. John Wiley Sons. Ltd. Chichester, UK.

ポール・テン（1994）米と環境　国際稲研究所日本交流会記録　62-68.

Postel, S. (1987) Defusing the toxics threat: Controlling pesticides and industrial waste. Worldwatch Paper 79, Washington, D.C. USA. 69pp.

Quist, D. & I.H. Chapela (2001) Transgenic DNA introgressed into traditional maize landraces in Oaxaca, Mexico. Nature 414：541-543.

Ripper, W.E. (1956) Effect of pesticides on balance of arthropod populations. Ann. Rev. Entomol. 1：403-438.

Rombach, M.C. & K.D. Gallagher (1994) The brown planthopper: Promises, problems, and prospects. In Heinrichs, E.A. (ed.) Biology and management of rice insects. Wiley Eastern

Lim. New Delhi 694-709.

Rosset, P. & M. Benjamin (1994) The greening of the revolution - Cuba's experiment with organic agriculture Ocean Press, Melbourne, Australia pp.83.

Sabelis, M.W. & P.C.J. van Rijn (1997) Predation by insects and mites. Lewis, T. (ed.) Thrips as crop pests, CAB International, Wallingford, U.K. 259-354.

西城洋（2001）島根県の水田とため池における水生昆虫の季節的消長と移動　日本生態学会誌 51：1-11.

斎藤正（1975）高知県におけるハウス野菜の病害虫の発生動向と防除の現況　野菜病害虫防除に関する現地検討会講演要旨　日本植物防疫協会　1-7.

Sasahara, M & S. Koizumi (in press) Rice blast control with sasanishiki mutilines in Miyagi Prefecture. Proceedings of the 3rd International Rice Blast Conference.

Settle, W.H. et al. (1996) Managing tropical rice pests through conservation of generalist natural enemies and alternative prey. Ecology 77：1975-1988.

Shelton, A.M., J-Z Zhao, & R.T. Roush (2002) Economic, ecological, food safety, and social consequences of the development of Bt transgenic plants. Ann. Rev. Entomol. 47：845-81.

清水矩宏（1998）水田生態系における植物の多様性とは何か　農林水産省農業環境技術研究所編　農業環境研究叢書　10号　82-126.

渋江桂子・大場信義・藤井英二郎（1996）谷戸田を構成する環境要素とヘイケボタルの生息環境の解析　水環境学会誌　19（4）：74-81.

品田穣・立花直美・杉山恵一（1986）都市の人間環境　共立出版.

Soejitno, J. (2000) Pesticide residue on food crops and vegetables in Indonesia. International seminar on food safety and quarantine inspection. Oct. 16-21, Suwon, Korea. FFTC 39-52.

素木得一（1954）昆虫の分類　北隆館.

Sota, N. et al. (1998) Possible amplification of insecticide hormoligosis from resistance in the diamondback moth, *Plutella xylostella*. Appl. Entomol. Zool. 33：435-440.

杉浦哲也（1985）野菜害虫の合理的防除法の実例　野菜病害虫防除に関するシンポジウム講演要旨　日本植物防疫協会　9-13.

鈴木芳人（1999）ウンカの卵を殺す稲　インセクタリウム　1999：356-361.

鈴木芳人・桐谷圭治（1974）異なる食物条件下におけるキクヅキコモリグモの増殖　応動昆　18：166-170.

田畑邦衛（2001）バッタの大量死　どうぶつと動物園　30：302.

立川涼・脇本忠明・小川恒彦（1970）農薬BHCによる自然環境汚染　食衛誌　11：1-8.

多田満（1998）環境毒性学会誌　1：65-73.

田口正男・渡辺守（1985）谷戸水田におけるアカネ属数種の生態学的研究　II　ミヤマアカネの日周期行動　三重大環境科学研究紀要　10：109-117.

高林純示（2003）植物が放つ揮発性物質を介した動植物の相互作用　序論：敵の敵は味方？　蛋白質・核酸・酵素　48：1773-1778.

Takahashi, Y. & K. Kiritani (1973) The selective toxicity of rice-pest insecticides against insect pests and their natural enemies. Appl. Ent. Zool. 8：220-226.

端憲二（1998）水田灌漑システムの魚類生息への影響と今後の展望　農業土木学会誌　66：143-148.

端憲二（1998）平成9年度生物の生息・生育環境の確保による生物多様性の保全及び活用方策調査委託事業報告書　農林水産技術情報協会：144-149.

田辺信介(1998)有害物質による海棲哺乳動物の汚染と影響　日本生態学会誌　48：305-311.

Tanabe, S., H. Iwata, & R. Tatsukawa (1994) Global contamination by persistent organochlorines and their ecotoxicological impact on marine mammals. The Science of the total environment 154：163-177.

Tanabe, S., H. Tanaka, & R. Tatsukawa (1984) Polychlorinated biphenyls, ΣDDT, and hexachloro cyclohexane isomers in the Western North Pacific ecosystem. Archives of Environmental Conamination and Toxicology 13：731-738.

田中寛(1999)環境にやさしい害虫新制御技術の現状と可能性　シンポジウム要旨　28-38.

Tanaka, K., S. Endo, & H. Kazano (2000) Toxicity of insecticides to predators of rice planthoppers : Spiders, the mirid bug and the dryinid wasp. Appl. Entomol. Zool. 35：177-187.

Tilman, D. *et al.* (2001) Forecasting agriculturally driven global environmental change. Science 292：281-284.

土岐昭男・藤村建彦・藤田謙三(1974)ニカメイガ越冬幼虫の寄生蜂の年次変動　青森農試研究報告　19：51-54.

Trewavas, A. (2001) Urban myths of organic farming : Organic agriculture began as an ideology, but can it meet today's needs? Nature 410：409-410.

Tsai, J.H. *et al.* (1995) Effects of host plant and temperature on growth and reproduction of *Thrips palmi* (Thysanoptera：Thripidae) Environ. Entomol. 24：1598-1603.

上田哲行(1998)水田のトンボ群集　ため池のトンボ群集　江崎保男・田中哲夫編　水辺環境の保全——生物群集の視点から　朝倉書店　17-33；93-110.

上路雅子(1998)農薬の環境影響と対策　農環研・情報協会共催フォーラム　149-173.

UNDP (1995) Agroecology：Creating the synergism for a sustainable agriculture. UNDP Guidebook Series New York, 87p.

宇根豊(1984)減農薬稲作のすすめ　擬百姓舎.

宇根豊(2001)「百姓仕事」が自然をつくる　築地書館.

Van den Meiracker, R.A.F. & P.M.J. Ramakers (1991) Biological control of the Western flower thrips, *Frankliniella occidentalis,* in sweet pepper with the anthocorid predator, *Orius insidiosus.* Med. Fac. Landbouww. Rijksuniv. Gent 56/2a, 241-249.

Van Lenteren, J.C. (1993)施設栽培における生物的害虫防除　植物防疫　47：261-304；305-310.

和田敬(2001)マルハナバチが変えた産地の取り組み　第7回マルハナバチ利用技術研究会　21-25.

和田節(2002)スクミリンゴガイ　日本生態学会編　村上興正・鷲谷いづみ監修　外来種ハンドブック　地人書館　171.

和田哲夫(1995)農薬としての天敵昆虫の利用　植物防疫　49：365-368.

和田哲夫(1997)導入5年後のマルハナバチ　平成9年度技術情報交流セミナー　農林水産技術情報協会　7-10.

和田哲夫(2000)天敵昆虫と微生物農薬の現状と展望　今月の農業　44(1)：48-53.

鷲谷いづみ(2003)今なぜ自然再生事業なのか　鷲谷いづみ・草刈英紀編　自然再生事業——生物多様性の回復　築地書館　60-91.

鷲谷いづみ・松村千鶴(2002)セイヨウオオマルハナバチ　日本生態学会編　村上興正・鷲谷いづみ監修　外来種ハンドブック　地人書館　156.

渡部忠世・海田能宏編(2003)環境・人口問題と食料生産——調和の途をアジアから探る　農山漁村文化協会.

Way, M.J. & K.L. Heong (1994) The role of biodiversity in the dynamics and management of insect pests of tropical irrigated rice - a review. Bull. Entomol. Res. 84：567-587.

Wilson, M.R. & M.F. Claridge (1991) Handbook for the identification of leafhoppers and planthoppers of rice. CAB International. Oxon, UK.

Wynen, E. (1996) Research Implications of a Paradigm Shift in Agriculture：The Case of Organic agriculture, Resource and Environmental Studies, No. 12, Centre for Resource and Environmental Studies, Australian National University.

山口昭（2003）果物の生産と持続型農業　植物防疫　57：46-47.

矢野栄二（1986）オンシツコナジラミとミナミキイロアザミウマ　桐谷圭治編　日本の昆虫　東海大学出版会　71-79.

矢野栄二（2000）天敵の効果に影響する生物的要因に関する考察　天敵カルテ　農水省農業研究センター　64-66.

矢野栄二（2003）天敵――生態と利用技術　養賢堂.

矢野宏二（2002）水田の昆虫誌　東海大学出版会.

吉田太郎（2002）200万都市が有機野菜で自給できるわけ　築地書館.

湯島健・桐谷圭治・金沢純（2001）生態系と農薬　現代科学叢書　岩波書店.

害虫防除の年譜

年	日本	海外
1877	勧農局鳴門義民による東北地方のメイチュウ調査。益田素平によるサンカメイガの発見	
79	熊本県でメイチュウ防除にパリスグリーンの実験施用	
80	1880〜84年北海道でトノサマバッタの大発生	
86		カリフォルニアでカイガラムシにシアン化水素ガス、石灰硫黄合剤の使用
92		米国でヒ酸鉛創製
93	農商務省農事試験場、西が原で発足	
95	稲萎縮病がヨコバイにより伝播されることを発見	
96	害虫駆除予防法が公布。名和昆虫研究所設立。益田素平「稲蝗虫実験説」	
97	全国にウンカ大発生（1732年の享保の飢饉に次ぐ規模）、石油による注油駆除を実施。『昆虫世界』発刊	マラリア原虫をハマダラカで発見
98	農商務省農事試験場に昆虫部設置される	
99	松村松年『日本昆虫学』出版	
1900	メイチュウの捕蛾・採卵のため短冊苗代（幅1.2m）が全国に普及	黄熱病をカが媒介することを発見
1	カイコについてメンデルの法則を確認（1906年公刊）	
2	ニカメイガ発生予察に誘蛾灯利用（三重県）	
5	日本（東京）昆虫学会設立（1905〜09）。マツノザイセンチュウ発見	
6	カイガラムシ防除にシアン化水素ガスの使用	
7		アメリカ昆虫学会（ESA）設立
8		カイガラムシ、石灰硫黄合剤に抵抗性発達
10		ショウジョウバエを遺伝学研究に利用。第1回国際昆虫学会
11	イセリアカイガラムシにベダリアテントウ導入	英国でデリス剤の使用
12	サンカメイガ対策として水稲の晩化栽培が普及	
13	カイガラムシ防除に松脂合剤の施用	合成硫安の工業化（窒素化学肥料の生産）

年	日本	海外
14	植物検疫制度発足。「病害虫雑誌」発刊	
15		フリッシュによるミツバチ研究の最初の報告
16		マメコガネ米国で発見（侵入は1911年頃）
17	日本昆虫学会設立。農薬製剤工場（石灰硫黄合剤）。ニカメイガの誘殺資料の統計的解析（石川瀧太郎）	
18		ヒ酸石灰がワタミゾウムシに著効を示す
21	農薬合成工場が完成（クロルピクリン）	米国、ワタミゾウムシの防除に航空機によるヒ酸鉛の散布
22	最初の害虫防除暦（リンゴ、北海道）。畑作害虫にヒ酸鉛を国内製造	
24	オオニジュウヤホシテントウ防除にヒ酸石灰を国内製造	Isely & Baergがワタミゾウムシで要防除密度を提唱
25	カイガラムシにマシン油乳剤の施用	
26	指定試験制度発足	ショウジョウバエの染色体地図。米国でラジオによる農業情報の普及開始
27	ニカメイガの誘蛾灯による防除試験	
29	日本応用動物学会設立	
31		ウバロフ『昆虫と気候』英国で出版。ハワード『昆虫の脅威』米国で出版
32	ロテノン発見	
34		ウイグレスワースによる脱皮・変態ホルモンの研究
35	ウンカの防除に除虫菊エキスを石油に加用	
36	イネドロオイムシの防除剤としてヒ酸石灰が急速に普及。日本蜘蛛学会設立	
38	日本応用昆虫学会設立	DDT発見（スイス）
40	ウンカ大発生。福田宗一によるカイコの脱皮・変態と前胸腺・アラタ体の関係研究	
41	病害虫発生予察事業。クリタマバチ発生発見	BHC発見（フランス）
42	ニカメイガ防除に32万haに誘蛾灯設置	アフリカでサバクワタリバッタの大発生
44	満州映画協会製作「虫はこわい」	パラチオン発見（ドイツ）。デイルドリン発見（米国）
45	アメリカシロヒトリ侵入	ウイグレスワースが「両刃の剣」とDDTにつき警告。FAOの発足
46	DDT上陸（衛生昆虫防除）	Pickettらがリンゴの殺菌剤が昆虫、ダニに影響もつことを警告
48	DDT使用。農薬取締法制定	ミュラー博士、DDT発見でノーベル賞
49	BHC使用。青色蛍光灯14万灯が普及したが、連合軍総司令部の勧告で中止	

年	日本	海外
50	シラミ、イエバエにDDT抵抗性発達	ラセンウジバエ根絶に不妊虫放飼
51	ルビーアカヤドリコバチ商品化	カイコガの性フェロモン単離
52	パラチオン、セレサン石灰（水銀剤）使用	
53	マラソン使用、日本生態学会設立	
54	ドリン剤使用	
57	2学会の合併により日本応用動物昆虫学会設立	
58	ミナミアオカメムシの害虫化と斑点米。農業技術研究所に線虫研究室設置	
59	カーバメート系殺虫剤NAC上市	スターンらが総合防除の基礎概念を生態学、経済学を総合化して築く
60	ニカメイガのパラチオン抵抗性出現。害虫の生命表研究	
61	除草剤PCPによる魚の大量死	IRRI（国際稲研究所）設立
62	フェニトロチオン（スミチオン）上市	レーチェル・カーソン『沈黙の春』
64	『沈黙の春』日本語翻訳出版	IRRIで稲害虫に関する国際シンポジウム
66		IR8配布開始
67	気象観測船が南方定点でウンカの大群を目撃。カルタップ（パダン）上市	
68	BPMCを選択性殺虫剤として確認	
69	高知県で塩素系殺虫剤を使用禁止	
70	米の生産調整始まる。減農薬研究開始	ノーマン・ボーローグ、ノーベル平和賞「多収性コムギの育成」
71	別枠研究「害虫の総合的防除法」5カ年計画。塩素系殺虫剤の全面禁止。農薬取締法改正。環境庁設置	
72		ローマクラブ報告「生長の限界」。IRRI圃場でトビイロウンカ大発生 Rabbが緊急防除からIPMまでを段階的に分類提案
73	深谷・桐谷編『総合防除』。湯島・桐谷・金沢『生態系と農薬』。果樹のカメムシ被害	大腸菌による組み換え遺伝子の発現実験成功
74	有吉佐和子『複合汚染』。外来施設害虫オンシツコナジラミ定着	
75		アジア地域でのトビイロウンカ大発生（1975〜77）。ウイルソン『社会生物学』Gieseらがコンピューターのネットワークとシステム分析を提唱
76	イネミズゾウムシ侵入	
78	サンカメイガ絶滅。ミナミキイロアザミウマ侵入	

害虫防除の年譜

年	日本	海外
80		キャッサバの外来害虫の汎アフリカ的生物的防除計画 HuffakerとSmithがコンピュータ利用科学、適正化、減農薬を主張
83	合成ピレスロイド上市	
84	キチン合成阻害剤（IGR）ブプロフェジン（アプロード）上市	米国向け輸出古タイヤでヒトスジシマカ米国に侵入
85		南極上空でオゾンホールが発見される
86	誘殺除去法でミカンコミバエ根絶。鹿児島県馬毛島でトノサマバッタが大発生	トビイロウンカの誘導異常発生防止のためインドネシアで大統領令により有機リン剤の水田での使用禁止
88		世界人口50億突破。アフリカでのサバクワタリバッタなどの大発生
89	宇根・日鷹・赤松『減農薬のための田の虫図鑑』	気候変動に関する政府間パネル（IPCC）設置「温室効果ガス問題」
92	天敵利用研究会発足。セイヨウオオマルハナバチの本格輸入開始	
93	不妊化法でウリミバエ根絶。冷害凶作で米250万トンの輸入。アルゼンチンアリ定着。日本線虫学会設立	地球サミット（リオデジャネイロ）。生物多様性条約採択。気候変動枠組条約採択
95	チリカブリダニ、オンシツツヤコバチが農薬登録される。生物多様性国家戦略の策定	環境ホルモン問題表面化
96	コルボーンら『奪われし未来』。鷲谷いづみ・矢原徹一『保全生態学入門』	遺伝子組み換えBtワタの上市
97	地球温暖化防止京都会議。中筋房夫『総合的害虫管理学』。守山弘『水田を守るとはどういうことか』	遺伝子組み換えBtトウモロコシの上市
98	気象観測始まって以来の高温年	1998年にかけてインドネシア森林火災で970万ha焼失
99	ペット大型甲虫輸入緩和 農薬使用量50％削減のための総合研究「環境負荷低減のための病害虫群高度管理技術開発」	インドネシアで大干ばつ被害 世界人口60億突破
2000	「インセクタリウム」廃刊	
2	新・生物多様性国家戦略の策定	2050年の世界人口は89億と下方修正（国連）。出生率の低下とエイズのため
3	日本生態学会創立50周年。『外来生物ハンドブック』出版。ダニ・クモを含む外来昆虫は450種以上 矢野栄二『天敵——生態と利用技術』	
4	桐谷圭治『「ただの虫」を無視しない農業——生物多様性管理』	

節足動物、センチュウの和名と学名の一覧

ア行

アオオサムシ	*Carabus insulicola*
アオモリコマユバチ	*Microgaster russata*
アカイエカ	*Culex pipiens*
アカボシヒゲナガトビムシ	*Akaboshia matsudoensis*
アキアカネ	*Sympetrum frequens*
アシグロハモグリバエ	*Liriomyza huidobrenisis*
アメリカシロヒトリ	*Hyphantria cunea*
アリガタシマアザミウマ	*Franklinothrips vespiformis*
アリモドキゾウムシ	*Cylas formicarius*
アワヨトウ	*Pseudaletia separata*
イエバエ	*Musca domestica*
イサエアヒメコバチ	*Diglyphus isaea*
イセリアカイガラムシ	*Icerya purchasi*
イチゴクギケアブラムシ	*Chaetosiphon minor*
イチゴコナジラミ	*Trialeurodes packardi*
イチゴネアブラムシ	*Aphis forbesi*
イチモンジセセリ	*Parnara guttata*
イネクビホソハムシ（イネドロオイムシ）	*Oulema oryzae*
イネシンガレセンチュウ	*Aphelenchoides besseyi*
イネミズゾウムシ	*Lissorhoptrus oryzophilus*
イネノシントメタマバエ	*Pachydiplosis oryzae*
イネハモグリバエ	*Agromyza oryzae*
ウスイロササキリ	*Conocephalus chinensis*
ウズマキコナジラミ	*Aleurodicus disperses*
ウリミバエ	*Bactrocera cucurbitae*
ウリハムシ	*Aulacophora femoralis*
ウンカシヘンチュウ	*Agamermis unka*
オオコオイムシ	*Appasus major*
オオタバコガ	*Helicoverpa armigera*
オオニジュウヤホシテントウ	*Epilachna vigintioctomaculata*
オオヒラタシデムシ	*Eusilpha japonica*
オカボノアカアブラムシ	*Rhopalosiphum rufiabdominalis*
オンシツツヤコバチ	*Encarsia formosa*
オンシツコナジラミ	*Trialeurodes vaporariorum*

カ行

カイコ	*Bombyx mori*

カタグロミドリカスミカメ	*Cyrtorhinus lividipennis*
ガムシ	*Hydrophilus acuminatus*
カブラヤガ	*Agrotis segetum*
カンザワハダニ	*Tetranychus kanzawai*
ガンビアハマダラカ	*Anopheles gambiae*
キクヅキコモリグモ	*Pardosa pseudoannulata*
キバラアメバチ	*Temelucha biguttula*
キンケクチボソゾウムシ	*Otiorhynchus sulcatus*
キンモンホソガ	*Phyllonorycter ringoniella*
ククメリスカブリダニ	*Amblyseius cucumeris*
クダマキモドキ	*Holochlora japonica*
クロゲンゴロウ	*Cybister brevis*
クロスジギンヤンマ	*Anax nigrofasciatus nigrofasciatus*
クロズマメゲンゴロウ	*Agabus conspicuus*
クロツヤヒラタゴミムシ	*Synuchus cycloderus*
クロマルハナバチ	*Bombus ignitus*
クワシロカイガラムシ	*Pseudaulacaspis pentagona*
ケシカタビロアメンボ	*Microvelia douglasi*
ケシカタビロアメンボの一種	*Microvelia atrolineata*
ケシゲンゴロウ	*Hyphydrus japonicus*
ゲンゴロウ	*Cybister japonicus*
コオイムシ	*Dipolonychus japonicus*
コガシラミズムシ	*Peltodytes intermedius*
コガタアカイエカ	*Culex tritaeniorhnchus*
コガタノゲンゴロウ	*Cybister tripunctatus orientalis*
コナガ	*Plutella xylotella*
コブノメイガ	*Gnaphalocrocis medinalis*
コレマンアブラバチ	*Aphidius colemani*
コロモジラミ	*Pediculus humanus corporis*

サ行

サバクツヤコバチ	*Eremocerus eremicus*
サバクワタリバッタ	*Schistocerca gregaria*
サンカメイガ（サンカメイチュウ）	*Scirpophaga incertulas*
シナハマダラカ	*Anopheles sinensis*
ショクガタマバエ	*Aphidoletes aphidimyza*
シルバーリーフコナジラミ（タバココナジラミ・タイプB）	*Bemisia argentifolii*（*Bemisia tabaci* B-type）
シロイチモジヨトウ	*Spodoptera exigua*
スジアオゴミムシ	*Haplochlaenius costiger*
ズイムシ(メイチュウ)サムライコマユバチ	*Apanteles chilonis*
スクミリンゴガイ	*Pomacea canaliculata*
セイヨウオオマルハナバチ	*Bombus terrestris*

セイヨウミツバチ	*Apis mellifera*
セスジアカムネグモ	*Ummeliata insecticeps*
セジロウンカ	*Sogatella furcifera*

タ行

タイコウチ	*Laccotrephes japonensis*
タイリクヒメハナカメムシ	*Orius strigicollis*
タイワンツマグロヨコバイ	*Nephotettix virescens*
タガメ	*Lethocerus deyrollei*
タネバエ	*Delia platura*
タバコガ	*Helicoverpa assulta*
タバココナジラミ	*Bemisia tabaci*
タマナギンウワバ	*Autographa nigrisigna*
タマナヤガ	*Agrotis ipsilon*
チャノホコリダニ	*Polyphagotarsonemus latus*
チリカブリダニ	*Phytoseiulus persimilis*
ツガコノハカイガラムシ	*Fiornia externa*
ツブゲンゴロウ	*Laccophilus difficilis*
ツマグロアオカスミカメ	*Apolygus spinolae*
ツマグロヨコバイ	*Nephotettix cincticeps*
ツヤオオズアリ	*Pheidole megacephala*
ツヤヒメハナカメムシ	*Orius nagaii*
デジェネランスカブリダニ	*Amblyseius degenerans*
トビイロウンカ	*Nilaparvata lugens*
トマトサビダニ	*Aculops lycopersici*
トビイロカマバチ	*Haplogonatopus apicalis*
トマトハモグリバエ	*Liriomyza sativae*
ドウガネブイブイ	*Anomala cuprea*

ナ行

ナスノメイガ	*Leucinodes orbonalis*
ナスハモグリバエ	*Liriomyza bryoniae*
ナツアカネ	*Sympetrum darwinianum*
ナミテントウ	*Harmonia axyridis*
ナミハダニ	*Tetranychus ulticae*
ナミヒメハナカメムシ	*Orius sauteri*
ニカメイガ（ニカメイチュウ）	*Chilo suppressalis*
ニジュウヤホシテントウ	*Epilachna vigintioctopunctata*
ニセアカムネグモ	*Gnathonarium exiccatum*
ネッタイイエカ	*Culex quinquefasciatus*
ネッタイシマカ	*Aedes aegpti*
ノシメトンボ	*Sympetrum infuscatum*

ハ行

ハイマダラノメイガ	*Hellulla undalis*
ハスモンヨトウ	*Spodoptera litura*
ハムグリコマユバチ	*Dacunusa sibirica*
ヒトスジシマカ	*Aedes albopictus*
ヒメゲンゴロウ	*Rhantus suturalis*
ヒメトビウンカ	*Laodelphax striatellus*
ヒメマイマイカブリ	*Damaster blaptoides oxuroides*
ヒメマルミズムシ	*Paraplea indistinguenda*
ヒラズハナアザミウマ	*Frankliniella intonsa*
フタオビコヤガ	*Naranga aenescens*
ヘイケボタル	*Luciola lateralis*
ベダリアテントウ	*Rodolia cardinalis*
ヘビトンボ	*Protohermes grandis*
ホシササキリ	*Conocephalus maculatus*
ホソヒョウタンゴミムシ	*Scarites acutidens*

マ行

マツノザイセンチュウ	*Bursaphelenchus xylophilus*
マツモムシ	*Notonecta triguttata*
マメゲンゴロウ	*Agabus japonicus*
マメコガネ	*Popillia japonica*
マメハモグリバエ	*Liriomyza trifolii*
マユタテアカネ	*Sympetrum eroticum eroticum*
マイコアカネ	*Sympetrum kunckeli*
ミカンキイロアザミウマ	*Flankliniella occidentalis*
ミカンクロアブラムシ	*Toxoptera citricidus*
ミカンハダニ	*Panonychus citri*
ミカンコミバエ	*Bactrocera dorsalis*
ミズカマキリ	*Ranatra chinensis*
ミズスマシ	*Gyrinus japonicus*
ミツモンキンウワバ	*Acanthoplusia agnata*
ミナミアオカメムシ	*Nezara viridula*
ミナミキイロアザミウマ	*Thrips palmi*
ミナミヒメハナカメムシ	*Orius tantillus*
ミヤコカブリダニ	*Amblyseius ealifornicus*
ミヤマアカネ	*Sympetrum pedemontanum elatum*
ムギクビレアブラムシ	*Rhopalosiphumpadi*
ムギヒゲナガアブラムシ	*Sitobion akebiae*
ムナカタコマユバチ	*Chelonus munakatae*
ムナグロキイロカスミガメ	*Tyttus chinensis*
モートンイトトンボ	*Mortonagrion selenion*
モモアカアブラムシ	*Myzus persicae*

ヤ行

ヤサガタアシナガグモ	*Tetragnatha maxillosa*
ヤドリバエの一種	*Lixophaga diatraeae*
ヤノネカイガラムシ	*Unaspis yanonensis*
ヤマトクサカゲロウ	*Chrysoperla carnea*
ヤマトゴマフガムシ	*Berosus japonicus*
ヨトウガ	*Mamestra brassicae*

ラ行

ラセンウジバエ	*Cochliomyia hominivorax*
ルイスオサムシ	*Carabus lewisianus*
リンゴハダニ	*Panonychusn ulmi*

ワ行

ワタアブラムシ	*Aphis gossypii*
ワタヘリクロノメイガ	*Diaphania indica*

索引

【A〜Z】

BHC　22, 36, 38〜50, 54, 56, 69, 70, 79, 155, 168, 169, 180
BPMC　55, 57, 60〜62, 69, 73, 181
Bt（バチルス・チューリンゲンシス）　88, 102
BT　102, 21
Bt遺伝子　102, 103
DDT　10, 22, 38, 40〜43, 51, 52, 54, 155, 180
EC　82
EU　85
FAO（国連食糧農業機関）　9, 12, 13, 20〜23, 83, 85
GF_{50}　51
IBM（総合的生物多様性管理）　3, 15, 34, 35, 109, 141, 142, 155, 156, 158, 159, 161, 163, 165〜167, 169
IGR（昆虫成長制御剤）　72
IPM（総合的有害生物管理）　3, 15, 26, 29〜32, 35, 46, 54, 57, 66, 73, 76, 77, 79, 99, 101, 109, 121, 123, 137〜139, 155〜157, 159, 166, 168
IRRI（国際稲研究所）　13, 16, 18, 23, 25〜27, 29, 32, 57
LD_{50}　53
LISA　88
NPT（New Plant Type）　32, 103
OECD（経済協力開発機構）　12, 82, 84
Pimentel, D　64, 65
Ripper, W.D.　18, 54, 58
UNDP（国連開発計画）　41
UNEP（国連環境計画）　10
WHO（世界保健機関）　20〜22, 85
WTO（世界貿易機関）　84

【ア行】

合鴨　94
アキアカネ　147
アザミウマ　110, 111, 119, 123, 130, 135, 136
アジア開発銀行　28
アシグロハモグリバエ　112
アブラムシ　110, 112〜114, 117, 122, 130〜135, 138, 145
アリモドキゾウムシ　89
育苗箱　71, 73, 100
育苗箱処理　75
異臭米　48, 49
萎縮病　70, 71, 76, 100, 101, 179
遺伝子組み換え　4, 32, 102, 103, 182
移動性害虫　147
稲萎縮病→萎縮病
イネクビホソハムシ（イネドロオイムシ）　75
イネシンガレセンチュウ　16
イネノシントメタマバエ　27
稲の早植え　45, 81
イネミズゾウムシ　16, 74, 75, 86, 99, 145, 163, 167, 181
いもち病　28, 32, 101
ウイルス　70
ウイルス病　16, 26, 28, 99, 100, 137, 140
ウリハムシ　112
ウンカ　18, 167
ウンカ・ヨコバイ類　16
ウンカシヘンチュウ　94, 99
塩素系殺虫剤→有機塩素系農薬
オオタバコガ　113, 119
オサムシ　154, 155
オンシツコナジラミ　111, 112, 116, 117, 129, 137

【カ行】

カーバメート（系殺虫）剤　47, 57, 61, 63, 70, 181
外因性内分泌攪乱化学物質　40
海棲哺乳動物　42
害虫管理　34
害虫相　16, 106
外部経済　33, 64, 66, 72, 82
外部不経済　14
開放系　36, 38, 106, 107
外来昆虫　159
外来生物　95, 165, 166
カエル　62, 96, 144, 152, 156, 167
化学的防除　116

化学肥料　98
拡散の原理　40
攪乱　93, 164, 166
カスミカメムシ　19
カブトエビ　93, 94
カブリダニ　122, 124, 130, 132, 135, 136
環境保全　82
環境保全型農業　168
乾田　159
乾田化　34, 143, 148
機械移植　76, 78, 100
機械化　81
機械除草　91
キクヅキコモリグモ　46, 57, 152
休耕田　144, 154, 156
キューバ　87, 126, 127
休眠　106, 107, 112, 113, 128, 140
キュウリ　48, 108, 114, 117, 122, 127, 129, 132, 135
共存　3, 35, 59, 103, 105, 155
近代農業　88, 166
クモ　19, 46, 48, 56, 60〜63, 145, 151, 152, 158
クロマルハナバチ　120
クワシロカイガラムシ　68, 69
経済協力開発機構→OECD
経済的被害許容水準　34, 35, 157, 158, 166
限界管理温度　129
ゲンゴロウ　143, 145, 146, 148〜150
減収　17
減農薬　3, 23, 24, 34, 54, 66, 69, 72, 73, 76〜78, 85, 86, 90, 91, 155, 181
耕種的　28, 81, 91
合成ピレスロイド　68, 182
高知県　39, 45〜50, 62, 69, 73, 76, 114, 117, 120, 136, 138, 153, 168, 181
国際稲研究所→IRRI
国際連合　10
国連開発計画→UNDP
国連環境計画→UNEP
国連食糧農業機関→FAO
コサラグモ　153
コナジラミ　110, 111, 117, 119, 122, 124, 130, 132
コブノメイガ　18
米の減収率　65
米の自給　14
コモリグモ　60, 62, 145

コロラドハムシ　104
コンクリート化　144, 160
混合剤　71
混作　164
混植　28
コンパニオンプラント　135

【サ行】
最大残留基準　20, 22
最低管理温度　132
作物保護　38, 155
ササキリ　80
殺菌剤　17, 52, 67, 68, 71, 114〜116
殺虫剤　17, 68, 114〜116, 124
里山　144
サンカメイガ（サンカメイチュウ）　25, 44, 45, 54, 80, 145, 157, 179
三者系　165
散布回数　17, 68, 70, 73, 79, 115, 138
残留　17, 35, 41, 42, 48, 50
残留濃度　43
ジェノタイピング法　53
直播栽培　94
施設害虫　113, 116, 118
施設栽培　68, 81, 108〜111, 113, 118, 124, 138〜140, 169
自然湿地　15, 34, 107, 109, 143, 144, 160, 165
自然農法　99
自然農薬　91
自然保護　35
持続可能な農業　36, 83
持続的農業　30, 155
縞葉枯病　100〜102
臭化メチル　66
集約的栽培　14, 36, 160
集約的農業　82, 93
寿命　43
順応的管理　161
消毒　35, 36, 40, 66, 67, 155
省力化　71
植物検疫　139, 180
植物保護　34
食物連鎖　38, 39, 41, 43, 48, 149, 163
食糧安全保障　15, 83, 90, 105
食糧の需給　12

索引　189

食糧の需要　10
除草剤　17, 23, 52, 60, 62, 67, 68, 72, 91, 97, 116
シロイチモジヨトウ　112
人口増加　9, 10, 13
侵入害虫　109, 111, 112, 114〜116, 121, 139, 147, 163
侵入病害虫　105
侵略的外来種　58, 137
水生昆虫　61, 62, 107, 147〜149, 160, 162, 163
水生生物　60, 156
水田　14, 15, 28, 33, 34, 38, 60, 91, 96, 141, 143, 148, 156, 158〜160, 163, 166
水田昆虫　146
水田雑草　96, 150, 166
水田生物相　147
水田生態系　141, 142, 149, 156, 159, 163, 165
水稲栽培　108, 109
スクミリンゴガイ　76, 96, 161
生態学的影響　63
生物多様性　15, 35, 42, 78, 84, 92〜94, 96, 120, 121, 140, 141, 150, 160, 164, 166, 182
生物的濃縮　38, 39
生物的防除　31, 88, 118, 123, 139
生物兵器　126
セイヨウオオマルハナバチ　3, 107, 117〜120, 136, 137, 182
世界銀行　12, 29
世界人口　9, 10, 12, 13, 36, 182
セジロウンカ　70, 94, 165
セスジアカムネグモ　63
セット・アサイド　82
絶滅危惧種　144, 157
絶滅限界密度　157, 158, 166
選択性殺虫剤　37, 57, 61, 69, 70, 73, 137, 156, 181
選択性農薬　46, 72
選択(的)毒性　55, 60, 91
センチュウ　14
総合的生物多様性管理→IBM
総合的有害生物管理→IPM
総合防除　37, 79, 155
粗放化　82
粗放的農業　82

【タ行】

タガメ　35, 143, 145, 146, 148, 157, 162

多収性品種　13, 14, 18, 19, 25, 28, 32, 103
ただの虫　23, 24, 35, 47, 59, 142, 155, 156, 166, 167, 169, 182
棚田　84, 143, 162
多面的機能　15, 33, 64, 141
ため池　148, 149, 158
単作　164
単収　9, 10, 13, 14, 16, 36, 38, 90
地球温暖化　22, 100, 105, 109, 140, 163, 164, 169
窒素投入量　100
窒素肥料　82
稚苗　71, 81, 97, 98
中程度攪乱説　92
直接支払制度　85
『沈黙の春』　36, 37, 181
ツマグロヨコバイ　26, 27, 32, 45, 46, 56, 70, 71, 99, 100, 101, 145, 146, 151
ツヤオオズアリ　89
抵抗性　14, 24, 50〜54
抵抗性の発達　17, 25, 35, 47
抵抗性品種　25〜27, 73, 101, 102, 123, 155
定住性害虫　107, 147
定住性昆虫　146
低濃度　70
デ・カップリング　78, 84
デング熱　22
天敵　17, 19, 24, 28, 35〜37, 46, 55〜57, 69, 73, 78, 97, 111, 112, 117, 123, 124, 128, 130, 135, 138, 151, 155, 156
天敵農薬　124
テントウムシ　130, 132〜134, 145
天然農薬　63
冬期湛水　95
都市農園　88
土着種　109
トビイロウンカ　18, 19, 26〜28, 32, 99, 107, 145, 182
トマト　108, 112, 115, 118, 119, 122, 124, 129, 132, 137
トンボ　35, 60, 61, 82, 145, 147, 155, 156, 162

【ナ行】

苗箱施薬　76
苗箱処理　71, 163
ナス　108, 114, 117〜123, 129, 132, 135〜137

ニカメイガ(ニカメイチュウ) 18, 25, 38, 44, 45, 54〜56, 73〜75, 79, 81, 99, 128, 145, 146, 151, 153, 179〜181
二者系 165
日本脳炎 22
農業生態学 15, 30, 160
農業生態系 106, 108〜110, 149, 165
農業の持続性 82
濃縮 42, 163
濃縮の原理 40
農民学校 31, 73
農薬残留 19〜22, 48
農林水産省 12, 33, 46, 68, 70, 82, 84, 162

【ハ行】
バイオアッセイ 53
バイオタイプ 25, 27, 28, 102
箱施用 100
ハスモンヨトウ 112〜114, 117, 119, 138, 153, 154
発育ゼロ点 122, 129, 130, 132
発生予察 24, 72, 179, 180
ハモグリバエ 110〜113, 115, 118, 119, 130〜132, 135, 138, 140
パラチオン 54〜57, 79, 181
バンカープラント 135
半閉鎖系 107
ピーマン 48, 108, 117, 121, 129, 135, 136
被害 79, 80
被害許容水準 23, 54, 157
被害許容密度 123
被害補償性 30
光 117
微生物天敵 89
非選択性殺虫剤 19
非貿易関心事項 15
ヒメトビウンカ 99〜101, 145
ヒメハナカメムシ 122, 123, 125, 128〜132, 135〜138, 154
病害虫雑草による損失額 16
費用対効果比 35
費用対利益比 64
ピレスロイド剤 57, 60
フードマイレージ 11
物理的防除 123
ブプロフェジン 57, 182

閉鎖(的)環境 110, 111
閉鎖系 106, 107
貿易自由化 15, 140
防除の回数 114
防虫ネット 117
保護・保全 15, 156〜159, 166
捕食寄生者 152, 165
捕食者 152, 165
捕食性天敵 132〜134
保全生態学 3
ホタル 38, 59, 61, 96, 145〜147, 152, 155, 156, 163
本田 97

【マ行】
マラリア 22
マルチライン 28
ミズカマキリ 148, 149, 162
密度 23, 28, 54, 56, 59, 63, 80, 94, 99, 127, 157, 163
緑の革命 13, 14, 24, 25, 30, 32, 54, 73, 103
ミナミキイロアザミウマ 112〜118, 121, 122, 126〜128, 135〜137, 154, 181
蒸し込み 117
虫見板 76, 77, 166
無農薬 21, 85, 90, 91, 148
メイチュウ 16, 18, 26, 32, 38

【ヤ行】
薬剤抵抗性 46, 111, 116, 121
屋敷地農園 159
谷津田 96, 143, 162
有機塩素化合物 41, 42
有機塩素系農薬 19, 21, 22, 48〜50, 60, 72, 181
有機農業 3, 72, 82, 83, 85〜87, 90〜93, 98, 101, 103
有機農産物 84, 86
有機農法 94, 99
有機リン(系殺虫)剤 20, 21, 54, 57, 63, 70, 72
有効成分 68, 72
有効成分量 67
有効積算温度 132, 133
誘導異常発生(リサージェンス) 17〜19, 25, 35, 47, 50, 54, 55, 58, 68, 69, 151
ユスリカ 150, 151, 167
要防除密度 23, 24, 35, 73, 123, 168
横井時敬 3

索引 191

ヨコバイ　18
予防的散布　114

【ラ行】
レーチェル・カーソン　37
レッドデータブック　143
露地栽培　107, 113

【著者紹介】
桐谷圭治（きりたに・けいじ）
日本応用動物昆虫学会名誉会員、アメリカ昆虫学会フェロー
1929年　大阪府に生まれる
1959年　京都大学大学院博士課程中退
1959年　和歌山県、高知県、農林水産省の農業関係試験研究機関の研究室長
1982年　農林水産省農業環境技術研究所昆虫管理科長
1989年　アジア・太平洋地区食糧・肥料技術センター副所長
1996～2000年　農林水産省農業環境技術研究所名誉研究員
日本応用動物昆虫学会賞、日本農学賞、読売農学賞、科学技術庁長官賞、紫綬褒章、外務大臣表彰、日経地球環境技術賞、勲4等瑞宝章などを受賞している日本を代表する昆虫学者。地球温暖化、外来昆虫、総合的生物多様性管理に関する問題に関心をもち、現在は、生態系への人為的攪乱による生物多様性の変化などさまざまなフィールド調査・研究を行なっている。
主な著書に、『昆虫と気象』（成山堂書店）、『都市の昆虫・田畑の昆虫』（農山村文化協会）、『生態系と農薬』（岩波書店）、『日本の昆虫』『天敵の生態学』（東海大学出版会）、『害虫とたたかう』『動物の数は何で決まるか』（日本放送出版協会）、『総合防除』（講談社）など多数

「ただの虫」を無視しない農業
生物多様性管理

```
            2004年3月31日    初版発行
            2008年8月31日    2刷発行
```

著者	桐谷圭治
発行者	土井二郎
発行所	築地書館株式会社
	東京都中央区築地7-4-4-201　〒104-0045
	TEL 03-3542-3731　FAX 03-3541-5799
	http://www.tsukiji-shokan.co.jp/
	振替00110-5-19057
印刷・製本	株式会社シナノ
装丁	新西聰明

Ⓒ Keizi Kiritani 2004　Printed in Japan
ISBN978-4-8067-1283-1 C0045

本書の全部または一部を無断で複写複製(コピー)することは、著作権法上での
例外を除き禁じられています。

農業の本

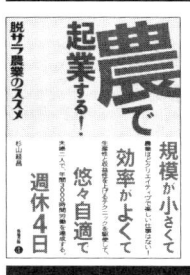

《価格・刷数は2008年8月現在》

農で起業する！
脱サラ農業のススメ
杉山経昌［著］　◎20刷　1800円＋税

規模が小さくて、効率がよくて、悠々自適で週休4日。農業ほどクリエイティヴで楽しい仕事はない！　外資系サラリーマンから転じた専業農家が、従来の農業手法に一石を投じた本。

農！黄金のスモールビジネス
杉山経昌［著］　◎8刷　1600円＋税

発想を変えれば、農業は「宝の山」！　最小コストで最大の利益を生む「すごい経営」、それが「個人」で実現できるのが農業だ。20世紀型のビジネスモデルは「ムダ」と「ムリ」が多すぎる！　これからの「低コストビジネスモデル」としての農業を解説した本。

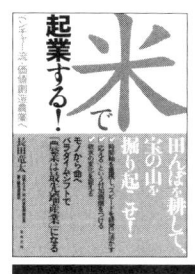

米で起業する！
ベンチャー流・価値創造農業へ
長田竜太［著］杉山経昌［序］　◎2刷　1600円＋税

稲作農家の次男が、補助金に依存しない農業、完全無借金経営を経て、いかにしてベンチャー企業を立ち上げたのか。その戦略と発想とは？　秘められた農業の巨大な可能性を存分に説き明かす。

IPM総論
有害生物の総合的管理
ノリス＋カスウェル-チェン＋コーガン［著］　小山重郎＋小山晴子［訳］
28000円＋税

今後の持続的農業生産を確実なものとする、IPM（総合的有害生物管理）のすべてを包括的に理解できる決定版、待望の翻訳！

本のくわしい内容はホームページを。http://www.tsukiji-shokan.co.jp/

「百姓仕事」が自然をつくる
2400年めの赤トンボ
宇根豊［著］　◎4刷　1600円＋税

田んぼ、里山、赤トンボ……美しい日本の風景は、農業が生産してきたのだ。生き物のにぎわいと結ばれてきた百姓仕事の心地よさと面白さを語り尽くす、ニッポン農業再生宣言。

百姓仕事で世界は変わる
持続可能な農業とコモンズ再生
ジュールス・プレティ［著］　吉田太郎［訳］　2800円＋税

アジアで広まる無農薬稲作、マダガスカルの超増収稲作…世界の農業の新たな胎動や自然と調和した暮らしの姿を、52カ国でのフィールドワークをもとに、イギリスを代表する環境社会学者が鮮やかに描き出す。

200万都市が有機野菜で自給できるわけ【都市農業大国キューバ・リポート】
吉田太郎［著］　◎7刷　2800円＋税

有機農業、自転車、風車、太陽電池、自然医療……エコロジストたちが長年、夢見てきたユートピアが、カリブ海に突如として出現した。

1000万人が反グローバリズムで自給・自立できるわけ【スローライフ大国キューバ・リポート】
吉田太郎［著］　3600円＋税

持続可能国家戦略を柱に、官民あげて豊かなスロー・ライフを実現させた陽気なラテン人たちの姿を追った現地リポート第2弾！

オーガニック・ガーデンの本

虫といっしょに庭づくり
オーガニック・ガーデン・ハンドブック
ひきちガーデンサービス（曳地トシ＋曳地義治）[著]　◎4刷　2200円＋税
無農薬・無化学肥料で庭づくりをしてきた植木屋さんが、長年の経験と観察をもとに、農薬を使わない"虫退治"のコツを庭でよく見る145種の虫のカラー写真とともに解説します。

無農薬で庭づくり
オーガニック・ガーデン・ハンドブック
ひきちガーデンサービス（曳地トシ＋曳地義治）[著]　◎6刷　1800円＋税
1日10分で、みるみる庭が生き返る！　大人も子どももペットも安心、誰にでも使いやすくて楽しめる、花も木も愛犬もネコも虫も鳥も、みんな生き生きと輝いている庭をつくりませんか？

オーガニック・ガーデン・ブック
庭からひろがる暮らし・仕事・自然
ひきちガーデンサービス（曳地義治＋曳地トシ）[著]　◎6刷　1800円＋税
ドクダミ、ニンニク、トウガラシで作る自然農薬、病虫害になりにくい植栽、自然エネルギーを利用した庭、バリアフリーガーデンのアイデアなどプロの植木屋さんが伝授する、庭を100倍楽しむ方法。

樹木学
トーマス[著]　熊崎実＋浅川澄彦＋須藤彰司[訳]　◎5刷　3600円＋税
生物学、生態学がこれまで蓄積してきた、樹木についてのあらゆる側面を、わかりやすく魅惑的な洞察とともに紹介した樹木の自然誌。「この本を一読して身近な木々をもう一度眺めてみると、けなげに生きている樹木の一本一本が急にいとおしく思えてくる」（訳者あとがきより）

菌類・田んぼ本

ふしぎな生きものカビ・キノコ
菌学入門
ニコラス・マネー[著]　小川真[訳]　2800円＋税

毒キノコ、病気・腐敗の原因など、古来薄気味悪がられてきた菌類。だが菌類は地球の物質循環に深くかかわってきたのだ。菌が地球上に存在する意味、菌の驚異の生き残り戦略などを、楽しく解説した菌学の入門書。

チョコレートを滅ぼしたカビ・キノコの話　植物病理学入門
ニコラス・マネー[著]　小川真[訳]　2800円＋税

地球上に、何億年も君臨してきた菌類の知られざる生態を描くとともに、豊富なエピソードを交えた植物病理学の入門書。

炭と菌根でよみがえる松
小川真[著]　2800円＋税

今、全国の海岸林で松が枯れ続けている。どのようにすれば松枯れを止め、松林を守れるのか。40年間、松林の手入れ、復活を手がけてきた著者による各地での実践事例を紹介し、マツの診断法、松林の保全、復活のノウハウを解説した。

田んぼで出会う花・虫・鳥
農のある風景と生き物たちのフォトミュージアム
久野公啓[著]　2400円＋税

百姓仕事が育んできた生き物たちの豊かな表情を、美しい田園風景とともにオールカラーで紹介。カエルが跳ね、トンボが生まれ、色とりどりの花が咲き競う、生き物たちの豊かな世界が見えてくる。